上達の技術
改訂版

無駄なく最短ルートで成長する極意

元・鹿屋体育大学教授
児玉光雄

はじめに

　この本との出会いが、あなたの運命を変えるかもしれません。

　多くの人々が、効果的な「上達」のための情報やノウハウに大きな関心を抱いています。しかし、「上達」というキーワードで刊行された本は、あまり見あたらないのが現状です。

　何事も「上達の技術」にのっとって努力を積み重ねることが大事です。上達の技術を使って「正しい努力」を積み重ねれば、私たちは誰でも、自分でも信じられないような潜在能力を発揮することができるのです。

　この本で私は、多くの科学的データにもとづいた効果的な上達の具体策について解説しています。スポーツなどで最高の実力を発揮する具体策や結果をだせる練習の仕方のほか、私の専門分野であるメンタルトレーニングについても触れています。勝負強さ、集中力、記憶力、やる気、打たれ強さ、創造力を、効率よく向上させる

技術についても解説し、この時代でも、**たくましく生き抜けるノウハウ**をできるだけたくさん盛り込みました。

今、日本のスポーツ界で、最も注目されているアスリートは、メジャーリーグで大活躍中の大谷翔平選手で間違いありません。彼は、あるときこう語っています。

「ストイック(厳しく自己を律する)というのは、練習が好きではないというか、仕方なく自分に課しているイメージ。そうではなくて、僕は単純に練習が好きなんです」

大谷選手を本気にさせているのは、「うまくなりたい!」とか、「しっかり結果をだしたい!」といった「**成長欲求**」です。彼はこの欲求が異常なほど強烈なのです。

いくら科学的な上達の極意を理解しても、その作業を好きにならないかぎり、効率的な上達を実現することは不可能です。大谷選手のように、「**好き**」という感覚をもちながら、「**自分を成長させたい**」という欲求を心の中に満たして、目の前の練習や勉強、仕事にのめり込んでください。それこそ、上達を促進する重要な資質なのです。

もう1つの重要な資質は「**習慣化**」です。大谷選手は、気の遠くなるような時間をかけて同じ作業を繰り返し

だからこそ、たぐいまれなる「二刀流」という技術を身につけたのです。野球に取り組む姿勢について、大谷選手はこう語っています。

「野球が頭から離れることはないです。オフに入っても常に練習してますもん。休みたいとも思いません」

効率的な上達法を理解したうえで、目の前の練習や勉強、仕事に、あなたの貴重な資源である「人生という時間」を、大谷選手のようにたっぷりと注ぎ込む――それが習慣化を定着させてくれます。**最短ルートでの上達を実現するにはそれしかない**のです。

なお、この本に興味をもっていただいた方には、サイエンス・アイ新書シリーズの拙著『勉強の技術』『逆境を突破する技術』『わかりやすい記憶力の鍛え方』『一流の本質』も、ぜひご一読いただきたいと思います。

最後に、この本の刊行の実現と編集に尽力していただいた科学書籍編集部の石井顕一氏と、魅力的なイラストを描いてくださったにしかわたく氏に、改めて感謝の意を表したいと思います。

2019年7月　児玉光雄

CONTENTS

上達の技術 改訂版
無駄なく最短ルートで成長する極意

はじめに ……………………………………………… 3

第1章 最高の実力をだす技術 …………………… 9
- 1-1 オリジナリティを徹底的に追求する ………… 10
- 1-2 高度な技の維持には反復練習が欠かせない … 13
- 1-3 あらゆる状況に対応できるように
さまざまな経験を積む …………………………… 16
- 1-4 小脳に記憶されるほど練習を積み重ねる …… 18
- 1-5 「へた」は「強さ」で、
「弱さ」は「うまさ」で補う ……………………… 21
- 1-6 「力」「空間」「時間」を
どこまでも高度に調整する ……………………… 24
- 1-7 上級者がかならずもっている
「4つのスキル」を身につける …………………… 27
- 1-8 トライ&エラーのループを
何度も何度も回し続ける ………………………… 29
- COLUMN1 上達を加速させる
「イメージトレーニング」 ……………… 32

第2章 結果をだせる練習の技術 ………………… 33
- 2-1 対物スポーツの練習では
好プレーの再現にこだわる ……………………… 34
- 2-2 与えられた状況へ柔軟に対応する能力を磨く … 36
- 2-3 「不器用な人」のほうが
最終的には伸びると心得る ……………………… 38
- 2-4 練習を繰り返して
「環境適応能力」を身につける …………………… 41
- 2-5 練習を積み重ねて引きだしの数を増やす …… 43
- 2-6 いままでできなかったことが
できたときの快感を大切にする ………………… 46
- 2-7 急な状況変化にもついていける
柔軟な対応力を身につける ……………………… 48
- 2-8 初心者は「分習法」で、
上級者は「全習法」で練習する …………………… 50
- 2-9 競技に最適な覚醒水準を知り、
本番でだせるようにする ………………………… 53
- 2-10 スポーツマンは「目が命」と心得て日々鍛える … 57
- 2-11 精度の高いイメージを描き、
再現するトレーニングをする …………………… 61

サイエンス・アイ新書

- 2-12 優先順位の高い練習項目を
  たっぷりトレーニングする ……………… 63
- 2-13 画一的な練習ばかりでなく、
  信念に従った練習や実戦を行う ……………… 66

第3章 勝負強くなる技術 ……………… 69

- 3-1 相手に「勝つ」ことよりも
  「負けない」ことを大事にする ……………… 70
- 3-2 上級者を目指すなら「守破離」を旨とする ……… 72
- 3-3 「五感」をとぎすまして
  感性で動くことも大切にする ……………… 74
- 3-4 技の再現性を高めつつ
  省エネで動けるようにする ……………… 76
- 3-5 「結果志向」ではなく
  「プロセス志向」に徹する ……………… 80
- 3-6 1万時間練習して「名人」を目指す ……… 82
- COLUMN2 よいことがどんどん起こる
  「意思力錬成トレーニング」 ……………… 84

第4章 集中力を高める技術 ……………… 85

- 4-1 注意集中を自由自在に操れるようになる ……… 86
- 4-2 集中力は途切れるものとあらかじめ心得る ……… 92
- 4-3 やりたいことができる1時間を
  日々の励みにする ……………… 95
- 4-4 単純作業は心を無にして「瞑想の時間」とする… 99
- COLUMN3 集中力を高める
  「視線固定トレーニング」 ……………… 102

第5章 記憶の達人になる技術 ……………… 103

- 5-1 「興味」「五感」「反復」で記憶力を強くする ……… 104
- 5-2 記憶には「長期記憶」と
  「短期記憶」があることを知る ……………… 106
- 5-3 記憶の展開場所でもある
  「ワーキングメモリ」を鍛える ……………… 108
- 5-4 筋力トレーニングを記憶法に応用する ……… 110
- 5-5 記憶するときは
  あらゆる感覚器官を動員する ……………… 112
- 5-6 忘れたくないことは睡眠の直前に記憶する ……… 114
- 5-7 人の顔と名前は20秒かけて記憶する ……… 116
- COLUMN4 「短期記憶力」を鍛える ……………… 120

CONTENTS

第6章 高いやる気を発揮する技術 121
- 6-1 まずは自分の「やる気度」をチェックする 122
- 6-2 「やる気」が起きる脳のメカニズムを理解する 126
- 6-3 「A_6神経」と「A_{10}神経」の役割と特徴を理解する 128
- 6-4 自分にとって最強の「内発的モチベーター」を探す 132
- 6-5 上達速度を加速させる「目標」を正しく設定する 136
- 6-6 「＋10％」か「達成率6割」の目標レベルを自分で決める 138

第7章 打たれ強くなる技術 143
- 7-1 まずは自分の「メンタルタフネス度」を確認する 144
- 7-2 理想の自分を演じて逆境に立ち向かう 148
- 7-3 心を解き放てる「自分時間」を確保する 150
- 7-4 「プレッシャー」は敵に回さず味方につける 153
- 7-5 いい仕事をするためにはオフの時間の質を高める 156

第8章 創造性を発揮する技術 159
- 8-1 「探求心」→「発見」→「快感」という流れを高速回転させる 160
- 8-2 「アイディアメモ」で一瞬の直観を記録する 163
- 8-3 脳を酷使し終わったあとの一瞬のひらめきを逃さない 167
- 8-4 「直観トレーニング」で直観の精度を高める 175
- 8-5 好きなように「メモ」を取って思いがけない発想を手に入れる 179
- 8-6 発想は実際に絵に描いてアウトプットする 183
- 8-7 「制約」こそ斬新なひらめきを生みだす「母」と心得る 187

参考文献 191

第1章
最高の実力をだす技術

1-1	オリジナリティを徹底的に追求する	p.10
1-2	高度な技の維持には反復練習が欠かせない	p.13
1-3	あらゆる状況に対応できるようにさまざまな経験を積む	p.16
1-4	小脳に記憶されるほど練習を積み重ねる	p.18
1-5	「へた」は「強さ」で、「弱さ」は「うまさ」で補う	p.21
1-6	「力」「空間」「時間」をどこまでも高度に調整する	p.24
1-7	上級者がかならずもっている「4つのスキル」を身につける	p.27
1-8	トライ&エラーのループを何度も何度も回し続ける	p.29
COLUMN1	上達を加速させる「イメージトレーニング」	p.32

オリジナリティを徹底的に追求する

まずは、実際にアスリートのパフォーマンスが、どのように発揮されるかについて考えてみましょう。右ページの図1にパフォーマンスを発揮するメカニズムを示します。

まず、「受容器」が外界の「刺激(情報)」をキャッチします。すると、その刺激(情報)は「感覚神経」を介して「中枢神経(反射神経)」に伝わります。ここで情報が瞬時に処理され、「運動神経」を通じて「効果器」に伝えられ、その状況に応じた行動プログラムが「運動」として出力されます。

たとえば、テニスのレシーバーを考えてみましょう。レシーバーはサーバーの打ったサービスに、本能的に、しかも瞬時に反応しなければなりません。

このとき一流のプレーヤーほど、サービスのコースと速度を瞬時に読み取って返球するだけでなく、サーバーの動きによりどこに返球すればいいかを考えています(図2)。

つまり、①サービスを返球する動作を進めながら、②同時にネットに前進してくるサーバーの動きを察知して、その状況に応じた最良の判断ができるのです。

●個性の発揮こそオリジナリティ

一流のアスリートほど、同時に複数の作業を同時進行させながら、最良の判断を瞬時に、しかも本能的に処理できます。これは、一流のアスリートなら、誰もがもっている「オリジナリティ(創造性)」です。教科書に書かれている基本をいくらマスターしても、オリジナリティがなければ、決して一流のアスリートにはなれません。

図1 運動命令伝達の流れ

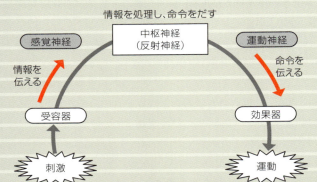

外部からの刺激は感覚神経に流れ、中枢神経で判断される。判断された命令は運動神経を通じて効果器(筋肉など)へと送られる

参考:『図解雑学 スポーツの科学』スポーツインキュベーションシステム/著(ナツメ社、2002年)

図2 飛んできたボールを打ち返すまでの流れ

そして、「個性」を発揮することが、私はオリジナリティと考えています。あまりにも基本に頼りすぎると個性が削り取られ、一流の仲間入りができなくなります。

　一流のアスリートほど、運動命令伝達の流れのメカニズム（14〜15ページの図3参照）を駆使しながら、このオリジナリティを確立し、相手の意表をついたり、マクロな視点からその状況を的確に判断し、置かれた状況における最良の判断をして、効果器を通し、ベストパフォーマンスを発揮するのです。

　個性の埋没は本人の責任だけではなく、指導するコーチの責任でもあります。本人のみならず、指導するコーチは、どうすれば選手が個性を発揮できるかを考えるべきです。

オリジナリティは、一流のアスリートであればかならずもっている

1-2 高度な技の維持には反復練習が欠かせない

　イチロー選手はバッターボックスに入ると、右手をグルッと1回転させながら、左手で右肩のユニフォームをつまみながら構えの姿勢に入ります。彼は「プリショット・ルーチン（儀式）」というこの動作を毎回することで、自然に集中していくのです。

　イチロー選手とて、ピッチャーの手からボールが離れるまでは具体的な行動を起こせませんが、ひとたびピッチャーの手からボールが離れると、途端に彼の脳はめまぐるしく動きだすのです。

　まず、14～15ページの図3のように、イチロー選手の目を通してボールの動画が瞬時に「視覚野」に伝えられます。そして「側頭連合野」がボールと判断、ボールの位置を「頭頂連合野」が把握して、その情報は「前頭連合野」に伝わり、バットを振るか、見送るか判断されます。そのメッセージは「運動連合野」から「運動野」、その隣にある「体性感覚野」に伝わり、ボールを打つバットスイングのプログラムが筋肉にプログラムとして伝わり、筋肉がその動きを実行するのです。もちろん、プログラムの精度がよければ安打になるし、悪ければ空振りです。

　基本的にはイチロー選手も並の選手も、もっといえば草野球を楽しんでいるアマチュアのバッターも、基本的には脳内で同じメカニズムを実行しています。ただ、その精度が決定的に違うのです。

●精密な技術は反復練習しないと維持できない

　しかし、イチロー選手でも、毎日バットを握って練習を反復しなければ精度は落ちてしまいます。理化学研究所の実験では、大まかなスイングの記憶は大脳皮質に分散して記憶される「長期記

憶」に残りますが、細かい技は長期記憶に定着しにくく、日々鍛練しないと定着しないことがわかっています。「極限までバットコントロールを高める」というイチロー選手の意欲と毎日の練習が、超精密なバットコントロールを支えているのです。

3-4でも解説しますが、上達の最強法則は「反復練習」です。いくらスポーツ科学が発達しても、反復練習の重要性は変わらないのです。どんなに科学が発展しても、高度な技は、毎日繰り返すことでしか維持できないのです。反復練習の大切さを実感しているアスリートだけが上達できるという基本原則は不変です。

しかし、効率的な反復練習とそうでない反復練習が存在します。私の約40年にわたるコーチ経験からも、工夫のない反復練習はまったく上達に貢献しないどころか、後退に結びつくこともあります。たとえば、指導者がその反復練習でなにを身につけさせようとしているのかをアスリートに明らかにせず、ただやみくもに回数だけを目標にして練習させるような方法です。

いわゆる職人は自分の技を毎日繰り返しているから高度な技術を維持できる

図3 イチロー選手の脳が「打て!」と命令をだすまでの流れ

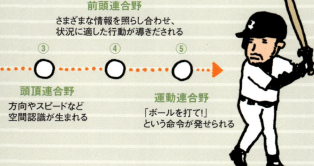

1-3 あらゆる状況に対応できるようにさまざまな経験を積む

　プロテニスの世界では、男子の場合、時速200km以上のサービスが飛んできます。レシーバーは、どのような脳の機能によってそれを見事に返球するのでしょうか？

　サーバーがボールを打った瞬間、レシーバーはそのボールの速度、軌道、そしてスピンまで読み取って、ボールがどこに飛んでくるかを察知します。

　このとき、ボールの情報は、イチロー選手のバッティングのところでも述べたように、「視覚野」→「側頭連合野」→「頭頂連合野」→「前頭連合野」→「運動連合野」→「運動野」と伝えられ、ボールを打ち返すプログラムが出力されます。なお、この出力プログラムは、もちろん、アマチュアプレーヤーに比べて、テニスのチャンピオンのほうが、伝達速度も質も格段に洗練されているはずです。

　レシーバーは、同時に運動野のすぐ隣にある「体性感覚野」で予備運動を行い、すぐに動きだせる準備をします。ボールが飛んでくるコースや時間は、サーバーのラケットからボールが離れた瞬間、脳内に記憶されている過去の経験値と瞬時に照合されます。そして情報が発信され、それに適合した動きのプログラムを体性感覚野が出力します。ウインブルドンのチャンピオンは、これらの一連の動作を、脳のさまざまな領域の連携プレーで見事に予測して最高のレシーブをします。

●経験を積んだ上級者は対応できる範囲が広い

　このように、数多くのサービスを実際のゲームで返球すること

で、プログラムの情報量は自動的に増えていきます。そして、脳のフィードバック機能が、次第に洗練されたプログラムを出力するようになります。つまり、そのプレーヤーの経験が豊富なほど、プログラム貯蔵庫に収納されている情報量が増え、サーバーが打つさまざまなサービスに対応できるようになるのです。

たとえば、平均的なアマチュアプレーヤーのリターン返球のパターンを数十種類とすると、ウインブルドンのチャンピオンのレシーブ返球のパターンは、おそらく数百種類になるはずです。飛んでくるサービスは、1つとして同じボールはないわけですから、プログラムの数は、ほぼ無限ともいえます。

一流のアスリートは、あたかも「マイクロブレイン(通常の脳とは違う小さな司令塔の意味)」が、身体の各部(テニスのレシーブの場合は指先)に分散しているかのようなパフォーマンスを発揮できます。彼らとて身体のすべてをコントロールしているのは脳ですが、絶え間ない練習で、固有の技術が洗練されていくのです。

若手が年長者に勝てないときは、この経験の差であることも多い

1-4 小脳に記憶されるほど練習を積み重ねる

スポーツ上達における脳の機能を解説しましょう。

スポーツにおける運動のほとんどは、自分の意思で動きを制御する「随意運動」です。たとえば、あなたがサッカーをしていたら、置かれた状況で瞬時にこれから行う身体運動を決めなければなりません。

無意識的か、意識的かにかかわらず、あなたが本能的に選択したベストと思えるプログラムが、身体運動として出力されます。あなたは外界の情報を感覚として入力し、それに適合する運動プログラムを選択して運動野に送り、関係する運動ニューロンの興奮が引き起こされ、身体運動として出力されるのです。

円熟したパフォーマンスになればなるほど、「小脳」や「大脳基底核」が大きな役割を果たします（図4）。小脳は時間的調節を行い、大脳基底核はスムーズな動きの運動プログラムを出力します。

飛んできたボールを前頭連合野が「キックする」と判断したら、即座にそれは大脳基底核に伝えられ、スムーズで高度な技を繰りだす運動プログラムが自動的に出力されるのです。

テニスの場合、プレーヤーは、飛んでくるボールによりストロークで処理するか、ネットに前進してボレーで処理するかを決めます。あるいは、フォアハンドかバックハンドかを瞬時に決定し、自動的に最適な運動プログラムを出力するのです。

すばらしいパフォーマンスの運動プログラムは、ほとんど完成品として脳内に貯蔵されています。つまり実際のスポーツの現場では、脳はもはや変更のまったくきかない完成した運動プログラムを出力するだけなのです。

図4 運動命令伝達のメカニズム

飛んできたサッカーボールを蹴り返すまでの情報の流れ

① **視覚野**
飛んできたボールの像が目から脳へと伝わる

② **側頭連合野**
その物体がなんであるかを認識

③ **頭頂連合野**
方向やスピードなどの空間認識が生まれる

④ **前頭連合野**
いろいろな情報を照らし合わせて、最適な行動が導きだされる

⑤ **運動連合野**
「ボールをキックせよ」という命令がでる

⑥ **大脳基底核**
どんな運動をするか決める

⑦ **運動野**
「ボールをキックしろ」と筋肉に命令する

⑧ **小脳**
運動命令が実行されているか確認する

小脳は、命令と実際の動きにずれが生じたとき、修正する役目を果たす。大脳基底核は、どうやって筋肉を動かせば命令どおりにいくかを判断する

⑨ **脊髄**
運動神経から筋肉へと命令を伝達する

⑩ **筋肉**
ボールをキックするという行為をする

出典:『面白いほどよくわかる脳のしくみ』高島明彦/監修(日本文芸社、2006年)

●高度な運動プログラムは小脳に蓄積される

　この領域の話は、最先端の研究が進められているにもかかわらず、まだまだ解明されていないことも多いのですが、どうやら難易度の高いパフォーマンスの運動プログラムは、小脳に保存されているようです。もちろん、スポーツだけでなく「楽器演奏」や「ダンス」のような芸術的パフォーマンスも、小脳や大脳基底核といった器官が関与しているのです。

　特に「体操」や「高飛び込み」のオリンピック選手の演技は、変更のきかない完成されたものです。少なくともこれらのプログラムは、最初、大脳新皮質で作成されたあと、小脳に移行していると考えられます。もちろん、熟練したアスリートほど、小脳に蓄積された運動プログラムの数が多いのはいうまでもありません。

　このようにすぐれた運動プログラムを数多く小脳に蓄積するにはどうすればいいのでしょうか？　これはもう、練習を重ねて洗練されたパフォーマンスを発揮するしかありません。大谷翔平選手や羽生結弦選手は、血のにじむような練習を積み重ねたからこそ、すごいパフォーマンスの運動プログラムを出力できるのです。

「昔取った杵柄(きねづか)」は筋力がなければ生かせないことも

1-5 「へた」は「強さ」で、「弱さ」は「うまさ」で補う

　スポーツは、大きく分けて2種類のチャンピオンが存在します。「強い選手」と「うまい選手」です。たとえば、2018年の全米オープンと2019年の全豪オープンで、女子シングルスの2連勝という偉業を成し遂げた女子プロテニスプレーヤー・大坂なおみ選手は、強い選手の典型例です。彼女は時速180km以上の強烈なサーブと高速のストロークにより、相手を圧倒して勝利を積み重ねました。

　特筆すべきは2018年BNPパリバオープンの準決勝で、当時の世界No.1だったシモナ・ハレプ選手（ルーマニア）に6-3、6-0で圧勝したゲームです。彼女は持ち前のパワフルなショットで、ハレプ選手を完膚なきまでに打ちのめしました。

　一方、フィギュアスケート選手の紀平梨花選手が、世界最高レベルのスケーターの仲間入りをしたのは、氷の上を滑る技が、圧倒的にほかの選手よりもすぐれているからです。つまり、彼女のスキルは、明らかに「強さ」よりも「うまさ」に重点が置かれているのです。

　すべてがそうだとは言い切れませんが、傾向として、特にウェイトリフティングや陸上短距離のような、短時間に絶対的な記録を競うスポーツでは「強さ」が、フィギュアスケートや体操のような、採点員が得点をだすスポーツでは「うまさ」が評価基準の軸になるのです。そしてその中間に、得点を争う球技が位置します。つまりテニスプレーヤーやサッカープレーヤーには、フェイントといった高度な技を駆使したうまさだけではなく、サービスエースやロングシュートに代表されるようなパワーという強さの要素も求められるのです。

●運動には2種類ある

　専門的には運動は「動的活動」と「静的活動」に分類できます。図5は代表的なスポーツをこの2つに分類したものです。この図5でいう動的活動とは、筋肉の長さと関節の角度が大きく変わるけれども、筋肉はあまり大きな力を発揮しないスポーツのことです。一方、静的活動とは、筋肉の長さと関節の角度はあまり変わらないけれども、筋肉の発揮する力が大きいスポーツを指します。多くのスポーツはこの2つの要素で分類できるのです。ですから、一般的には、上達の近道という観点でいうと、自分の得意なタイプ（強さか、うまさか）に適したスポーツを選ぶことが、重要です。

　では、力の弱い人は力の強い人に、へたな人はうまい人に絶対に勝てないのでしょうか？　答えは「ノー」です。へたさはある程度強さでカバーできるし、反対に、パワー不足もある程度うまさでカバーできるのです。

　たとえば、テニスのサーバーで時速200kmのサービスを打つプレーヤーAがいたとします。このプレーヤーの第1サービスの入る確率はわずか50%。しかし、入ったらその90%はサービスエースになります。一方、プレーヤーBは、時速150kmのサービスしか打てませんが、第1サービスを80%の確率で入れるとします。しかし、入ってもサービスエースになる確率は20%程度です。この場合、プレーヤーAは強いプレーヤー、プレーヤーBはうまいプレーヤーであることは一目瞭然です。

　ポイントを取るという観点でいくと、プレーヤーAにはうまさはありませんが、パワーによってポイントを奪う確率を高めているのです。一方、プレーヤーBにパワーはあまりありませんが、うまさによって非力さをカバーしているのです。

最高の実力をだす技術　第1章

図5 動的なスポーツと静的なスポーツ

	動的活動(弱)	動的活動(中)	動的活動(強)
静的活動(弱)	ビリヤード ボウリング クリケット カーリング ゴルフ ライフル	野球 ソフトボール テニス(ダブルス) バレーボール	バドミントン クロスカントリー(クラシカル) フィールドホッケー オリエンテーリング 競歩 長距離走 サッカー スカッシュ テニス(シングル)
静的活動(中)	アーチェリー オートレース 飛び込み 馬術 モーターサイクル	フェンシング 跳躍 フィギュアスケート アメリカンフットボール ロデオ ラグビー 短距離走 サーフィン シンクロナイズドスイミング	バスケットボール アイスホッケー クロスカントリー(フリー) オーストラリアンフットボール ラクロス 中距離走 水泳 ハンドボール
静的活動(強)	ボブスレー 投てき 体操 空手/柔道 ルージュ ヨット ロッククライミング 水上スキー 重量挙げ ウィンドサーフィン	ボディビルディング アルペンスキー レスリング	ボクシング カヌー/カヤック 自転車 十種競技 ボート スピードスケート

ひと口にスポーツといっても、体の使い方は大きく異なる　　　　　　　　　　　　　　　　（ミッチェルら、1994）

未熟な技術は強さで、パワー不足は技術で、ある程度補える

「力」「空間」「時間」をどこまでも高度に調整する

　一般的にいえば、エネルギーとパフォーマンスをつなぐのが「技（スキル）」です。たとえば、テニスの場合、いくら腕力の強い大人がパワーを発揮しても、スキルがなければ、時速200kmのサービスを返球することはできません。たとえ、すごいスピードサービスを力まかせに返球して、相手コートに偶然入ったとしても、それはせいぜい10回に1回の確率でしかないのです。

　一方、非力な12歳のテニスの小学生チャンピオンでも、時速180kmのサービスをいとも簡単に返球できます。このようにいくらパワーがあっても、技がなければすばらしいパフォーマンスは発揮できません。

●3つの要素で身体をコントロールする

　ここで、身体のコントロールについて簡単に説明しましょう。身体のコントロールには、おもに3つの要素があります。それは、

①力の調整（力をどこでどれくらい発揮すればよいか）
②空間の調整（身体のどの部分の筋肉を使えばよいか）
③時間の調整（どのタイミングでどの技を発揮すればよいか）

の3つです。この3つの要素がうまく噛み合って初めて、すばらしいパフォーマンスを発揮できるのです。

　まず「力の調整」から見てみましょう。たとえば、野球のピッチャーは、ボールを正確に、しかも高速で投げることが求められます。しかし、コントロールと速度は反比例します。

図6 ボール投げにおける身体各部の関わり方

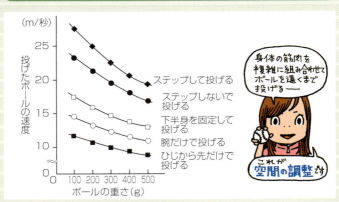

体の各部を自由に使えるほど、速い速度でボールを投げられる

出典:『Q&A実力発揮のスポーツ科学』徳永幹雄・田口正公・山本勝昭/著(大修館書店、2002年)

図7 テニスのサービスにおける身体各部の使い方

正しい順番で体の各部を連携させるほど、サービスの速度は上がる。これは「時間の調整」といえる

プロ野球のエース級は時速140kmの球を投げても、かなり高い確率でストライクをとれます。一方、アマチュア野球の並みのピッチャーの場合、体格さえよければ、時速140kmの速球を投げられますが、ストライクになる確率はとても低いのです。

　つまり、力の調整の要素として、同じ速度のボールを投げられても、一流と並みのピッチャーでは、身体の力の調整能力に決定的な違いがあるのです。25ページの図6は、身体の各部分を制限して投げたときの、ボールの重さと速度の相関関係を示したものです。全身を使い、さらにステップして投げることにより、速度が最大になることがわかっています。これが「空間の調整」です。全身を使って身体をムチのようにしならせて投げることで初めて、速いボールを投げうれるのです。

　3つ目は「時間の調整」です。25ページの図7のように、テニスのサーバーのスイングにおいては、地面に近い身体の部分から動かして、リズムよく下から上の身体の各部に効率よく力を伝えることにより、最大のパワーが生まれます。これも大切な技なのです。

　つまり、力の調整や空間の調整だけでなく、時間を完璧に調整すれば、最高レベルのパフォーマンスを発揮できるのです。

身体コントロールの3要素

上級者は、力、空間、時間を高度に調整できる

1-7 上級者がかならずもっている「4つのスキル」を身につける

「身体運動のたくみさ」の研究の第一人者である、東京大学名誉教授の大築立志氏によると、運動能力には「4つのスキル」が存在するといいます。それらは、

① **状況把握能力**
② **正確な動きをする能力**
③ **すばやい動きをする能力**
④ **持続性**

です。たとえば、野球の「捕球動作」を考えてみましょう。捕球動作は、時系列的に次のA〜Dの4つのステージに分類できます。

A. ボールを確認してからキャッチ動作を引き起こす刺激の発現までの時間
B. 刺激からキャッチ動作発現までの反応時間
C. キャッチ動作発現からボールへ接近するための動作時間
D. 最終的なボール捕球のための動作時間

このうちA〜Cが①の「状況把握能力」です。このとき選手は、おもに視覚を頼りに正確な情報収集をします。視覚による情報にもとづき予測が行われ、選手はボールの落下地点に移動してボールをキャッチするわけです。

そしてDで、②の「正確な動きをする能力」が問われます。つまり、いくらボールの動きを把握する能力がすぐれていたとして

も、正確な動きをする能力がすぐれていなければ、正しい捕球はできないのです。

続いて、③の「すばやい動きをする能力」を考えてみましょう。たとえば陸上短距離や競泳における「スタート」が「すばやい動きをする能力」にあたります。あるいはテニスのサービスに反応するレシーバーの動きや、サッカーのペナルティキックに対応するゴールキーパーの動きも「すばやい動きをする能力」が求められます。もちろん単純な動きだけでなく、フェイントに代表されるような柔軟性あふれる動きもこの能力です。サッカーの選手に代表されるように、対人競技では、相手の裏をかくすばやい動きが要求されるのです。

そして④の「持続性」です。長時間緊張を強いられるゲームでは、集中力がわずかでも切れたら勝利は望めません。動きのスタミナだけでなく、集中力のスタミナも要求されるのです。

以上、大築教授の理論をもとにスキルについてまとめてみましたが、いずれにしても、すぐれたこの4つのスキルを身につけているアスリートが上級者なのです。

上級者に必要な4つの能力

1.状況把握能力

2.正確な動きをする能力

3.すばやい動きをする能力

4.持続性

1-8 トライ&エラーのループを何度も何度も回し続ける

1-1でも述べましたが、スポーツの上達で避けて通れないのが「オリジナリティ(創造性)」です。結局、一流と並みのアスリートを隔てているのはオリジナリティなのです。サッカー用語に「ファンタジスタ」という言葉があります。この言葉は、サッカーでフォワード(特にストライカー)の選手につけられる称号です。たとえば、ネイマール(ブラジル代表)やクリスティアーノ・ロナウド(ポルトガル代表)はその好例でしょう。

スポーツのゲームは、時間がかぎられています。チャンスは、ほんのコンマ数秒しか現れません。このとっさのチャンスを見逃さず、与えられた状況で最高のプレーをする——これが一流のファンタジスタに求められるのです。

そのためには、オリジナリティが不可欠。スポーツのフィールド上で発揮されるオリジナリティには、おもに2つの要素があります。1つ目の要素は「技のオリジナリティ」です。サッカーでいえば「安定した状況での技術」や「状況判断や戦況判断を含まない技術」、そして「技術的要素が求められるプレー」といったもの。別名「クローズドスキル」と呼ばれているものです。たとえば、ペナルティキックに代表される「ボールをキックする技術」がその典型例です。この技は練習で、しかも1人きりで高められるもの。黙々と自分の名人芸を磨くことが求められます。

2つ目の要素は「状況のオリジナリティ」です。相手の裏をかいてフェイントをかけることに代表される「刻々と変化する状況での技術」「判断要素が多いプレー」といったもの。これは「オープンスキル」と呼ばれています。もちろん、ほんのわずかのとっさのチ

ャンスを見逃さない、針の穴を通すようなシュートはその最たるもの。この技は実際のゲームでしか磨けません。

　特にこの技は、レベルの高いゲームで磨かれます。いわばキャリアを踏んで初めて獲得できる技なのです。技のオリジナリティに状況のオリジナリティが組み合わさってスーパープレーが生まれるわけです。

●フィードバック機能をフル回転させる

　では、このスーパープレイを生みだすにはどうすればいいのでしょうか？　1つのプレーには、以下のメカニズムが働きます。

① 瞬時に目の前の情報を入力する
② その情報を咀しゃくして意思決定する
③ 決定したプログラムを実行する
④ 結果をフィードバックする

　サッカーの場合、プレーヤーは視覚、聴覚、触覚を駆使して、キャッチしたボールの位置や、それぞれのプレーヤーの位置から、自分がどのような状況に置かれているか理解し（オープンスキル）、それに即応したボールのキックを決定するのです。

　このとき、もちろん脳内に貯蔵されている「過去の記憶」も瞬時に照合されます。そして決定されたプログラムが筋肉を動かし、それが結果的にプレーとして表現されるのです。

　もちろん、そのプレーの結果がフィードバックされることはいうまでもありません。トライ＆エラーの量が上達を加速させてくれるのです。オープンスキルのみならずクローズドスキルにおいても、このフィードバック機能をフル稼働させるべきです。こうし

たプロセスを繰り返すことでスキルが高められるのです。

　泥臭いプレーを黙々と積み重ねながら、トライ＆エラーのループをできるだけたくさん回すことが大切です。「ボールをこう蹴ったらうまくいった」「こういう感じで止めたらボールがうまく止まった」――このようなことを積み重ねていくことで、洗練された新しい技の記憶が脳内に蓄積されていくのです。

自分がもつあらゆる技は、自分の中でフィードバックして、進化させていく必要がある

COLUMN1

上達を加速させる「イメージトレーニング」

　私は過去25年以上にわたり、多くのプロスポーツ選手のメンタルトレーニングを実践してきました。イメージトレーニングはその1つで、スポーツだけでなくビジネスや勉強においても、効率よく上達するためにとても効果的なトレーニングです。

　イメージトレーニングは、「頭の中であらかじめ本番のシーンをできるだけ忠実に描いて疑似体験するトレーニング法」です。イメージトレーニングは、道具が必要なく、いつでもどこでもできる、とても便利なトレーニング法です。

　まず、リラックスしてイスに腰掛けましょう。目を閉じ、ゆったりとしたペースで呼吸しながら、額のあたりに仮想のスクリーンをイメージし、そこへ本番のシーンを思い描いてください。最初はイメージする対象の写真を目の前に貼っておけば、イメージしやすいでしょう。

　イメージトレーニングで大切なことは、緊張に押しつぶされそうなシーンを描いて、その困難な事態を見事に切り抜けるシーンを描くことです。たとえば、スポーツなら「接戦で勝利するシーン」を、セールスなら「苦しみながら成約を実現するシーン」を、勉強なら「難問が解けるシーン」を思い描いてください。

　もちろん、リラックスできるシーンを描くことも大切なイメージトレーニングの要素です。以下のシーンを、ゆったりとした呼吸をしながら頭の中に思い描いてください。

　「あなたはいま、夏のきれいな砂浜にいます。まず砂浜を散歩してみましょう。砂の熱い感覚が足の裏から伝わってきます。さざ波が打ち寄せて、足に触れるヒヤッとした冷たい感覚がとても気持ちいいです」

　1日3回、1回につき5分間かけて、毎日イメージトレーニングしましょう。そうすれば、スポーツや仕事、勉強の上達が見事に実現するはずです。

第2章
結果をだせる練習の技術

2-1	対物スポーツの練習では好プレーの再現にこだわる……………p.34
2-2	与えられた状況へ柔軟に対応する能力を磨く…………………p.36
2-3	「不器用な人」のほうが最終的には伸びると心得る……………p.38
2-4	練習を繰り返して「環境適応能力」を身につける………………p.41
2-5	練習を積み重ねて引きだしの数を増やす………………………p.43
2-6	いままでできなかったことができたときの快感を大切にする…p.46
2-7	急な状況変化にもついていける柔軟な対応力を身につける…p.48
2-8	初心者は「分習法」で、上級者は「全習法」で練習する…………p.50
2-9	競技に最適な覚醒水準を知り、本番でだせるようにする………p.53
2-10	スポーツマンは「目が命」と心得て日々鍛える…………………p.57
2-11	精度の高いイメージを描き、再現するトレーニングをする……p.61
2-12	優先順位の高い練習項目をたっぷりトレーニングする………p.63
2-13	画一的な練習ばかりでなく、信念に従った練習や実戦を行う…p.66

対物スポーツの練習では
好プレーの再現にこだわる

 対人スポーツではなく、ゴルフのような単純に止まっているボールを打つ競技(私は対物スポーツと呼んでいます)の場合、脳のどの領域が働くのでしょう? ゴルフだけでなく、カーリング、ボウリング、野球のピッチャーなども、同じような**イメージ記憶を駆使して、卓越したパフォーマンスを発揮する**のです。

 たとえば、ゴルフの場合を考えてみましょう。これは前述の**テニスのレシーブとは、少々脳の働かせ方が違って**きます。ティーショットの場合を考えてみましょう。まず、ゴルファーはボールをティーアップしたあと、ボールの後ろから、これから打つボールの軌道をイメージに描きます。

 それはすでに脳内に記憶されているわけですから、脳内のスクリーンに鮮明に映しだされます。そして、そのショットを打つ運動プログラムが、「運動野」「体性感覚野」などとの連動により出力されるのです。

●ナイスショットの再現に集中する

 ゴルフのフルショットの場合、テニスのレシーブと違って、少なくとも出力されるプログラムの数はそれほど多くありません。しかし、プログラムのちょっとしたブレがミスショットを引き起こすわけですから、安定したショットをするためには、その正確な再現性が求められるのです。多くのゴルフ解説書やゴルフ雑誌では、スイング理論が百花繚乱のように繰り広げられています。アマチュアゴルファーはもちろんプロゴルファーでさえ、不振になったら即スイング改造に走ります。しかし、私は、スイングの改

造がすぐに上達に結びつくとは考えていません。スイングの改造は、改悪の危険性もはらんでいるからです。

スイングの改造ではなくスイングの再現性こそ上達に不可欠な要素です。黙々とゴルフ練習場でボールを打ち込む行為は、スイングの改造ではなく、自分のスイングの再現性を高めるためであるべきです。自分でパフォーマンスのすべてをコントロールできる代表的なスポーツであるゴルフは、一度でもナイスショットを打てれば、そのナイスショットを再現することで、ふたたびナイスショットを打てるからです。ゴルフ練習場での練習は、スイングを固めるために存在すると考えてください。

もし新しいスイングを学習したとしても、それを固めるには膨大な練習量が必要です。それよりも、すでにマスターしているスイングを変えず、そのスイングのブレを最小限に抑える努力を積み重ねてほしいのです。

コンスタントによいプレーができるのは上級者の特徴だ

2-2 与えられた状況へ柔軟に対応する能力を磨く

「運動神経がよい」とは、どういうことでしょうか？ 私は、たんに「速く走れる」とか、「コーチに教えてもらわなくても上達できる」というだけでなく、「目の前に現れた状況で最善のプレーができる能力」だと考えています。

たとえば、2019年に日本で開催されたメジャーリーグの開幕戦で、惜しくも引退したイチロー選手のスゴイところは、もちろん「ヒットを量産できる」という能力です。イチロー選手は28年間のプロ生活（日本のプロ野球で9年、メジャーリーグで19年）の通算打率が、日本のプロ野球で3割5分3厘、メジャーリーグで3割1分1厘です。ほかの多くの選手が打率2割5分程度なのにもかかわらずです。ほかの選手が4回のバッティングの機会にヒットを1本打つのに対し、イチロー選手は3回のバッティングの機会で1本をヒットにしてしまうのです。

●イチロー選手は状況判断能力がスゴイ

なぜイチロー選手はほかの選手よりもヒットを量産できたのか？ 簡単にいえば、与えられた状況に対するイチロー選手の調整能力が圧倒的にすぐれていたからです。スポーツが上達したかったら、かぎられた時間のなかで目の前の与えられた状況に柔軟に対応する能力を磨くことが大事なのです。

たとえば、イチロー選手はピッチャーの過去のデータにはあまり興味を示さなかったそうです。イチロー選手は、ピッチャーの失投を狙って打つという発想ではなく、ピッチャーの最高のボールをヒットにするという発想です。「ピッチャーの投げる最高のボ

ールをヒットにできれば、そのピッチャーの失投なんて簡単にヒットにできる」という発想です。この発想なら、確かに「目の前に現れた状況で最善のプレーができる能力」が磨かれます。

運動神経には先天的なものと、後天的なものがあります。生まれつき「速筋繊維」の多いアスリートは短距離走に向き、「遅筋繊維」の多い選手は長距離走向きです。これはいくら練習しても変えるのは困難です。イチロー選手が生まれつき野球の素質をもっていたことはいうまでもありませんが、イチロー選手並みの先天的な素質をもった野球選手を探すだけなら、それほど難しくありません。

アスリートとして成功するには、後天的な運動神経と、私が「状況判断」と呼んでいる、「与えられた状況に対して、適切な判断にもとづいた最善の動作ができること」が大事なのです。

たとえば、冷蔵庫にあるものをうまく組み合わせて料理ができる人は料理の上級者である

2-3 「不器用な人」のほうが最終的には伸びると心得る

　テニスを学ぶとき、数時間でラケットに当ててナイスショットを打てる人もいれば、何年もテニス教室に休まず通っているのになかなか上達しない人もいます。スポーツに向き不向きがあるかといえば、ある特定のスポーツに向いている人（運動神経が発達している人）とそうでない人が存在するのは事実です。しかし、あらゆるスポーツをこなせる運動神経をもつ人はほとんどいない、というのが私の持論です。

　たとえば、プロバスケットボールで伝説的なマイケル・ジョーダン選手は、運動神経の発達したアスリートと誰もが認めるでしょう。しかし、彼がたぐいまれな素質を発揮できたのは、バスケットボールだけです。一時、メジャーリーグに挑戦したことがありますが、結局マイナー暮らしが多く、一流のメジャーリーガーとは呼べませんでした。また、テニスのウインブルドンチャンピオンでも、まったく泳げない「金槌」の人もいるわけです。

　私はこれを「スポーツの特異性」と呼んでいます。いくら運動神経が発達していても、2種目のスポーツ競技で世界のトップクラスに君臨するのは、ほとんど不可能なのです。

　また私は、9歳から12歳ごろの「ゴールデンエイジ」と呼ばれる時期に運動経験のないアスリートは、なかなか一流になれないと考えています。

　テニス界のチャンピオン、アンドレ・アガシとスティフィ・グラフとの間に生まれた子どもは、トレーニング次第でほかの子どもよりも世界チャンピオンになれる可能性が圧倒的に高いといえます。しかし、テニスのすばらしい素質をもっていても、適切な練

習を積み重ねないかぎり、テニスで大成することはありません。言い換えれば、運動神経はこの時期にさまざまなスポーツを体験することで鍛えられるのです。

●器用な人は意外に伸びない

　器用な人と不器用な人の学習水準を調べたデータがあります(40ページの図8)。器用な人は短期間に上達しますが、早い時期に停滞が始まります。一方、不器用な人は、最初なかなか上達しないのですが、努力を積み重ねるうちに着実に上達していき、最終的には器用な人に追いつくのです。

　チャンピオンは、案外不器用な晩成型のアスリートが多いのです。もっといえば、才能は少々不足していたほうが大成できると私は考えています。たとえば、現在もトップレベルの男子プロテニスプレーヤーとして活躍しているラファエル・ナダル選手(スペイン)は、ジュニア時代、ネットプレーやバックハンドストロークが大の苦手だったといいます。しかし、彼は血のにじむような鍛錬により、自分が得意な卓越したサーブと強烈なフォアハンドに磨きをかけ、それらの武器で苦手なショットをカバーしたのです。

　つまり、得意技でハンディをカバーしたから、彼は偉大なプロテニスプレーヤーの仲間入りができたのです。もし、ナダル選手がネットプレーやバックハンドストロークをもう少し得意としていたなら、彼はこれほど偉大な選手にはなっていなかったかもしれないのです。

　スポーツにおいては、運動神経がよいにこしたことはありません。しかし、そのスポーツにおける成功は運動神経だけで決まるほど単純ではなく、むしろ、運動神経や体格などの点で少し劣っていたほうがいいのです。その劣った点を認識して努力を積み重ねるアスリートだけが大成するのです。

図8 器用な人と不器用な人の練習曲線の違い

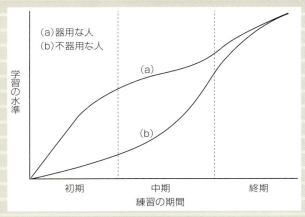

器用な人も不器用な人も、最終的には同じレベルになる

出典:『スポーツの心理学』末利 博・柏原健三・鷹野健次/編集(福村出版、1988年)

自分が器用だと思ったら油断しないことである

結果をだせる練習の技術 第2章

2-4 練習を繰り返して「環境適応能力」を身につける

　上達論を述べるときに外せないのが「アフォーダンス理論」です。この言葉は造語で、知覚心理学者、ジェームズ・ギブソンが提唱した理論です。

　日本におけるアフォーダンス理論の先駆者の一人、東京大学教授の佐々木正人氏によると、アフォーダンスという言葉の意味は「afford（〜ができる）」からきており、知覚論の1つの理論で、動物にとっての「環境適応能力」のことです。

　かのチャールズ・ダーウィンは、なぜミミズは掘った穴の入り口をふさぐのか観察しました。ミミズは皮膚の乾燥を防ぐため、自分が掘った穴の入り口をふさぐのですが、葉、羽毛、小枝、花弁など、さまざまなものを状況に合わせて使い分けながら穴をふさぎます。

　これを見てダーウィンは、「これは本能的な行動ではなく意図的な行動だ」と考えました。つまり、ミミズにも知性があると考えたわけです。

●困難な状況にも適応できる柔軟性が重要

　実は私たちもふだん、このミミズと同じようなアフォーダンス理論にもとづいた行為を無意識に実行しています。たとえば、イタリアンレストランに行ったとき、私たちは与えられたメニューのなかから自分の好きなものを選びます。これもアフォーダンスなのです。

　イタリアンレストランに行って「握り寿司」を注文する人はいません。イタリアンレストランという与えられた環境に無意識に順

応するわけです。

　これはさきほど解説した、ミミズがそこにある葉っぱや羽毛で穴をふさぐ行為と驚くほど似ているのです。

　前置きが長くなりましたが、スポーツにもこのミミズと同様なアフォーダンス、つまり環境適応能力が必要です。たとえばゴルフがそうです。ゴルフは「自然との戦い」といわれますし、コースデザイナーが仕組んだいろいろな罠が隠されています。このような難コースを攻略できるゴルファーは、アフォーダンス能力がすぐれているわけです。

　つまり、アフォーダンス理論をスポーツにあてはめれば、与えられた環境に適応できるという要素は、スポーツ上達において、とても重要、ということなのです。

だれでも無意識にその場の状況に適応しようとするが、その力を意識的に向上させることが重要

2-5 練習を積み重ねて引きだしの数を増やす

　テニスのラケットでボールを打つ動作を考えてみましょう。このとき、腕がラケットを動かしてボールを打ちます。一般的には、脳がボールを打つためにさまざまな条件を瞬時に察知・判断して、最適な運動プログラムを腕に出力して腕が動くと考えます。しかし、どうもそれは正しくないようです。

　いまから80年ほど前、ロシアのニコラス・ベルシュタインという学者が、「運動においては中枢制御システムというモデルは原理的に成り立たない。どうやら脳は腕の動きを命令（インストラクション）するプログラムを出力していない」と主張したのです。

　腕は何百種類、速度やタイミングまで考慮すると、何千種類、何万種類のプログラムを使い分けられる身体部位です。腕には肩関節に10個、肘関節に6個、尺骨関節に4個、手首関節に6個の筋肉が引っついています。これらを脳からの命令で制御しようとすれば、26もの値を決定しなければなりません。

　さらに控え目に見積もっても、それぞれの筋肉には100以上の運動ユニットが存在します。それだけで2,600の自由度があり、それだけの数を瞬時に決定しなければプログラムを出力できないわけです。いまは腕の動きだけを考えましたが、たとえばテニスでショットする場合、腕以外にも下肢、腰、体幹といった身体部位に動きを連動させなければなりません。そうすると自由度はたちまち天文学的な数字の組み合わせになってしまいます。

　こうなってくると、テニスで瞬時に体の動きをプログラムしてナイスショットを打つことは、「事前に知っていないかぎり」困難です。つまり、飛んできたボールの速度、軌道、スピン量を脳が

瞬時に判断してプログラムを作成・出力するというメカニズム（図9）は、どうやら正しくないというわけです。

それでは、どのようなメカニズムが働いているのでしょう？

いまだにそれはブラックボックスです。しかし、与えられた環境に適応するメカニズムは前述のアフォーダンス理論により解明されそうです。たとえば、一流のプロテニスプレーヤーは、毎日テニスを練習することで、飛んできたボールに対応する最適なプログラムをつくり、その後は、すでにできあがったプログラムを適宜引きだすのです（図10）。つまり、身体が瞬時に環境に同調するのです。

前出の佐々木教授は、「脳は環境と身体のシステムの接点にある」と主張します。脳は環境と自分の関係を高みに立って見渡しているというのです。つまり、脳は指令を送るというよりも、環境と身体の間を結ぶ電気コードの先についているプラグのようなものなのです。さらに、佐々木博士は、こう記しています。
「脳科学の主流は、求心神経のシグナルを環境の表層にマッピングして、統合して、反応をプログラムするというモデルであり、インストラクションのモデルです。私はそういう『指令的』なものではなくて、むしろ『選択的』なシステムではないかと思っています」（『複雑性としての身体——脳・快楽・五感』、河出書房新社、1997年）

佐々木博士流に表現すると、私たちは「感覚されたものが脳で情報処理されて運動を制御するシステム」ではなく、「与えられた環境に則した選択的システム」で生きているのです。スポーツで上達していけるアスリートは、ただ才能があるだけでなく、与えられたゲームの環境を正しく察知できるアフォーダンス能力にすぐれた人間なのです。

図9 インストラクションシステムのイメージ

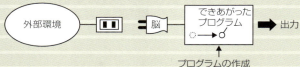

状況に最適なプログラムを、毎回、脳がつくりだす

図10 アフォーダンスシステムのイメージ

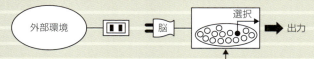

蓄積されているプログラムのなかから脳が状況に適したものを選ぶ

"体が覚えている"という状況は、まさにこのことだ

2-6 いままでできなかったことができたときの快感を大切にする

　人間はなぜここまで進化できたのでしょうか？　それは好奇心があったからです。人間は、「できなかったことができることを快感にした」から、爆発的に進化できたのです。これはほかの動物にはない、人間特有の脳機能です。

　おそらく、あるとき私たちの祖先の1人が、密林からサバンナに移動したのです。食料が豊富で、天敵の猛獣もいない安全な密林から、なぜ不毛で危険なサバンナに移動したのでしょうか？　これは好奇心以外に考えにくいのです。そして、この好奇心が私たちの脳を進化させてきたのです。

　「上達できる人」と「上達できない人」の違いは才能ではなく、どれほど目の前の仕事やスポーツに好奇心をもてるかにつきます。上達するには、上達の快感を強烈に脳に記憶させて、好奇心をもって努力を積み重ねることしかないのです。

　天才といわれる人たちの共通点は、「できなかったことができたときの快感」「わからなかったことがわかったときの快感」を異常に強烈に感じることです。上達の快感を異常なほど強烈に受け止める人たちを、天才と呼ぶのです。彼らは好奇心のかたまりです。

●取りつかれる心を大切にする

　努力しているのになかなか上達しないこともあるでしょう。しかし、簡単にあきらめてはいけません。上達はそんなに簡単ではありません。そんなことはあたり前です。天才たちは、異常なほど高いレベルの好奇心があるので、たとえ努力を積み重ねて成果

がでなくてもあきらめないのです。

　真の上達を実現するには、ちょっとやそっとの停滞ではあきらめない強い好奇心が求められます。技の習得は、たんなる努力だけでなせるほど簡単ではありません。

　たとえば、大谷翔平選手ほど好奇心のかたまりであるアスリートはなかなかいません。あるときこう語っています。

「野球が頭から離れることはないです。オフに入ってもいつも練習していますもん。休みたいとも思いません」

　好奇心は、言い換えれば「取りつかれる心」です。テーマを絞り込んでそれを頭の中に入れ、断続的でいいから思索を持続させ、具体策を行動に移す——それこそ上達の近道なのです。

なにかに取りつかれるというのは、大きなパワーとなる

2-7 急な状況変化にもついていける柔軟な対応力を身につける

　上達のメカニズムは、脳が保有するフィードバック機能なしには解明できません。たとえば、野球のバッターがピッチャーに三振に打ち取られたとします。このバッターの脳は、その三振のシーンをイメージとして脳裏に描きます。

　すると脳はその原因を探って、そのピッチャーの投げたボールをバットでとらえるスイングプログラムを自動的に作成します。そして、次の打席でこのバッターは、ピッチャーの投げたよく似たボールをとらえてヒットに結びつけます。

　もちろん、実際にはこんな単純な図式ではありません。ピッチャーだって、たとえ前の打席で三振に打ち取っても、「次の打席で同じようなボールを投げたら、今度は打たれてしまう」と考えるはずです。一方、打者のほうも、「ピッチャーも同じボールを投げたら、今度はヒットを打たれると考えているはず。三振に打ち取られたボールはカーブだった。今度はストレートにヤマを張ってみよう」などと考えるのです。

　つまりバッターとピッチャーはだまし合いをしながら、次の打席に臨み、これが野球をおもしろくしています。フィードバックのレベルを競い合うことこそ、プロスポーツの醍醐味の1つです。

●フィードバック機能が超人的なプレーを生む

　私たちは、サッカーの高度なシュートやフェイントに感動します。ネイマールやクリスティアーノ・ロナウドのパフォーマンスを観察すると、高度な技とは、その状況で相手が予測できないプレーを成功させる能力なのです。彼らはサッカーに適したすぐれ

た身体能力を備えていることはもちろん、高度なフィードバック機能を保有しているからこそ、高度な技を身につけられるのです。

私がスポーツは芸術だと考えているのはそのためです。図11にフィードバック機能を示します。トライ＆エラーのサイクルを繰り返すことで、最終的にトライ＆サクセスに到達するわけです。

ほとんどのスポーツにおいて、決断→脳の指令発信→動作というサイクルを瞬時に働かせるときに、いわゆる「思考が介在する時間的余裕」は存在しません。パターンライクにパッパッと瞬時に与えられた状況に応じた、最適な動作が求められるのです。

優秀なアスリートほど非言語のパターン認識能力がすぐれ、同時に空間知覚能力にも長けています。目の前の空間を正確に察知してパターンライクな動作を連続的に展開していき、それだけでなく、目の前の急激な状況変化にも対応できる予知力をともなった的確な状況判断で正しくプレーを進めていけるのです。

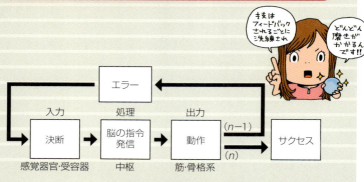

失敗してもフィードバックされて修正されるから、最終的には成功する

2-8 初心者は「分習法」で、上級者は「全習法」で練習する

　上達の速度は、練習形態により変化します。まず「練習密度」です。連続して練習する「集中練習」か、休憩を挟んで練習する「分散練習」かです。一般的には、「集中練習と分散練習を比較した場合、練習中は集中練習に比べて分散練習のほうが成績はよくなる（これを分散効果という）」といわれます。

　52ページの図12がその例です。はしごを登る課題を与えたとき、休憩なしの集中練習よりも、30秒の休憩がある分散練習のほうが、明らかに登上した段数が向上したのです。

　私の経験でも、休憩中に「上達している」と感じられるときがあります。たとえばゴルフ練習場におけるショット練習で、なにも考えずひたすら打ち込むよりも、1球ずつていねいに打ちながら、余韻を確認しつつ練習したほうが効果的だと思うのです。

　実際、プロゴルファーはアマチュアゴルファーに比べ、ショット練習で1打1打じっくり時間をかけて練習します。ナイスショットを打てたら、好ましい感触を確かめながらその余韻にひたることで、その記憶が着実に脳内に刻まれるのです。一方、せっかくナイスショットを打ってもすぐ次のショットに移ると、せっかくのナイスショットが脳内に記憶されず、闇に葬り去られてしまいます。

●全習法と分習法をじょうずに使い分ける

　練習形態にはもう1つあります。「全習法」と「分習法」です。たとえば、ある運動課題を3つの部分、①②③に分け、まず①だけ、次に②だけ、最後に③だけを個別にするのが分習法です。そして、

それぞれがある水準にまで高まったあと、①②③を統合して行う練習が全習法です。

では、全習法と分習法はどちらが効果的なのでしょうか？　それは学習者のレベルによります。大阪体育大学の教授だった荒木雅信氏は、「**初心者には分習法がよく、学習者の技能水準が高いほど全習法が効果的である**」と結論づけています。そして、「**集中練習のときは分習法が、分散練習のときには全習法が効果的**」とも述べています。

なぜなら、通常、初心者が全習法から入ると、練習のテーマを絞り込めず、上達効率が悪くなります。その結果、上達に時間と労力がかかるわりにうまくならないため、モチベーションを失いやすくなるのです。一方、分習法から入れば、練習のテーマを絞り込んで上達効率が上がるため、その課題に集中でき、結果的にモチベーションも上がり、ますます上達効率も高まるのです。その後、①②③を統合した全習法を実施することで、スムーズに上達していけるのです。

すぐれた指導者は学習者に合わせた指導ができる人である

また、時間的に短いすばやい運動（野球のバッティング、サッカーのキック、卓球やテニスのスウィングなど）には全習法が効果的で、困難な課題の場合（体操のE難度の演技、フィギュアスケートの高度な演技など）には分習法が効果的という報告もあります。効率よく学習するためには、このような原則を守ることが大切です。

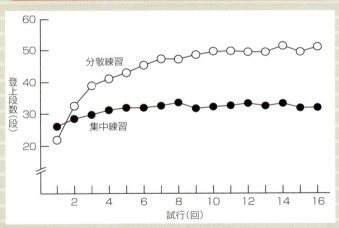

図12 集中練習と分散練習で成績が違う「はしご課題」

集中練習は休憩なし、分散練習は休憩を30分入れている。分散練習のほうが登上段数が多い
出典：『運動指導の心理学』杉原 隆／著（大修館書店、2003年）

2-9 競技に最適な覚醒水準を知り、本番でだせるようにする

ピークパフォーマンスを発揮するには、最適な覚醒レベルを把握しておくことが大事です。これを一般的には「**覚醒水準**」と呼んでいます。54ページの図13に示します。この図は、覚醒水準とパフォーマンスレベルの関連性を示したものです。覚醒水準とパフォーマンスレベルの間には「逆U字型」の関係があります。

覚醒水準が低いとき、つまり起床直後は、当然低いパフォーマンスレベルになります。ただし、覚醒水準があまりに高すぎても高いパフォーマンスレベルを発揮するのは難しくなります。たとえば、プレッシャーがかかりすぎた心理状態がその典型例ですが、筋肉がガチガチになって、ハイレベルのパフォーマンスを発揮できない状態に陥ります。ですから、ふだんから**自分の競技種目の最適な覚醒水準を理解する**ことが大事です。

また、自分の1日の活動リズムのなかで、パフォーマンスレベルが変化することも案外見落とされています。どの時間にゲームがあるかで成績が変わることもあるのです。多くのアスリートの傾向としては、午前中よりも夜に行われる競技のほうがよい成績がでるようです。その理由は、**夜の時間帯で競技にとって最適な覚醒水準を得られる**からでしょう。そのため午前中の競技に臨むときは、ふだんよりも早く起きて競技に備えるそうです。よって、多くのアスリートは、ゲームが始まる時間から逆算して起床する、というスキルを身につけているはずです。

54ページの図14は、いろいろなスポーツの最適な覚醒水準です。ゴルフやアーチェリーは典型的な静的スポーツであり、比較的覚醒水準が低いときにピークパフォーマンスが発揮できます。一方、

図13 覚醒水準とパフォーマンスの水準は逆U字型の関係

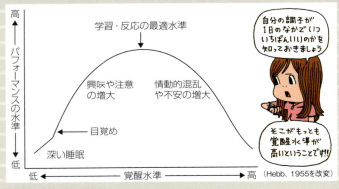

覚醒水準は低すぎても高すぎてもよくない

出典:『教養としてのスポーツ科学』早稲田大学スポーツ科学部/編(大修館書店、2003年)

図14 最適な覚醒水準はスポーツや状況によって異なる

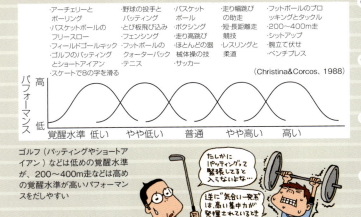

ゴルフ(パッティングやショートアイアン)などは低めの覚醒水準が、200～400m走などは高めの覚醒水準が高いパフォーマンスをだしやすい

出典:『教養としてのスポーツ科学』早稲田大学スポーツ科学部/編(大修館書店、2003年)

陸上競技400m走の選手は、高い覚醒水準のときによい成績をあげられるのです。

●適切な覚醒水準は状況やポジションでも違う

さらに、同じ競技の中でも、意識的に覚醒水準を微妙に変化させる必要があります。たとえば、テニスでサービスダッシュをするときは、比較的高い覚醒水準ですばやい動きが求められます。一方、ベースラインでのラリー戦では、比較的低い覚醒水準で粘り強くプレーすることが求められます。

もちろん、人間のパーソナリティとパフォーマンスの水準の関係も重要です。競技種目により、それに適したアスリートのパーソナリティがわかっています。たとえば、ラグビーやサッカーのような身体接触の激しい競技は、外向的なパーソナリティの選手のほうが適していることが判明しています。

一方、黙々とプレーする射撃の選手は、内向的なパーソナリティの選手のほうが大成する確率が高いはずです。同じ陸上競技でも、短距離選手には外向的な性格の選手が多く、長距離選手は一般的に内向的な選手が多いこともわかっています。

また、動機づけ水準に関しても、選手のパーソナリティは考慮されるべき要素です。56ページの図15は、不安と動機づけの関連性です。たとえば、楽観的なアスリートには、高いレベルの目標を設定してあげると、パフォーマンスレベルがピークになりやすいのです。

逆に、悲観的なアスリートには、やや低めの動機づけ水準を設定してあげるといいのです。このように、ピークパフォーマンスというものは、たんに1つの要素ではなく、さまざまな要素を考慮して初めて発揮できるのです。

図15 不安と動機づけの関連性

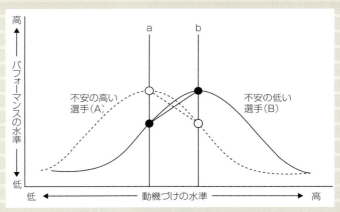

出典:『教養としてのスポーツ科学』早稲田大学スポーツ科学部/編(大修館書店、2003年)

楽観的な人には高い目標を、悲観的な人には控えめな目標を設定すると効果的だ

2-10 スポーツマンは「目が命」と心得て日々鍛える

　スポーツのパフォーマンス向上には「スポーツビジョン」の向上が欠かせません。日本ではまだまだスポーツビジョンへの関心が低いのですが、もしあなたのパフォーマンスが低下したら、まず目の機能低下を疑ってみましょう。スポーツビジョンのおもな検査項目とその能力を58ページの図16にまとめました。

　たとえば、野球のバッターには高いレベルの、動くものを正確にとらえる「動体視力」や、遠近感や立体感を正しく把握する「深視力」が要求されます。もちろん利き目も重要な要素です。野球においては一般的に右バッターは左目が、左バッターは右目が利き目であるほうが有利というデータがあります。つまり、ピッチャーに近いほうの目が利き目のほうが有利なのです。

　野球、サッカー、バスケットボール、バレーボールなどでは、ボールを目で追いかけるだけでなく、敵と味方の選手の位置を瞬時に読み取って、最適な味方選手にボールを送る能力が求められます。

　このときには、周辺視野でとらえたものにすばやく正確に反応する「目と手の協応動作」が求められます。ゲームにおける状況判断も視力が決め手なのです。

　私は、イチロー選手がオリックス・ブルーウェーブ（当時）に入団した翌年、彼を含むオリックス全選手の「目と手の協応能力」を測定しています。縦90cm、横180cmのボードに100個のライトが埋め込まれている装置を使って、かぎられた時間内にどれだけ正確にライトにタッチできたかを計測したのです。

　この測定では、コンピュータが制御する装置のライトが次々と

図16 スポーツビジョンに関するさまざまな視機能

項目	能力
静止視力	静止した視標の形状を見きわめる基本的な能力
KVA動体視力	遠方から眼前に直線的に近づいてくる目標に焦点を合わせる能力
DVA動体視力	眼前を横に動く目標を眼で追う能力
コントラスト感度	明るさの微妙な違いを識別する能力
眼球運動	跳躍的に動く目標に視線を合わせる能力
深視力	異なる距離に置かれた視標の距離の差を認識する能力
瞬間視	一瞬で多くの情報を獲得する能力
目と手の協応動作	周辺視野でとらえた視標に手ですばやく正確に反応する能力

出典:『スポーツ心理学事典』日本スポーツ心理学会/編(大修館書店、2008年)

先天的なものもあるが、トレーニングでも鍛えられる

ランダムに点灯していきます。被験者はできるだけ早くそのライトに反応し、タッチして消します。消した瞬間、すぐに次のランプが点灯するわけです。このテストでイチロー選手は、トップ5に入る成績を示しました。

●スポーツビジョンを高める方法

では、このようなスポーツビジョンを高める方法を解説しましょう。眼球は、近いところや遠いところに焦点を瞬時に合わせる機能を備えていますが、近くと遠くを交互に見ることで、この焦点を瞬時に合わせる機能が高まります。

具体的なトレーニング方法としては、目の前に人差し指を立てて、遠くの対象物(たとえば雲や山など)と人差し指に、1秒間隔で視線を移動させるだけです。これで、この能力を簡単に鍛えられるのです。これらのトレーニングは、特に球技をしているアスリートに不可欠です。なぜなら、常にボールに焦点を合わせる能力が目に求められるからです。

また、人間は眼球についている6つの筋肉で、上下左右、自由自在に驚くべき速さで眼球を動かします。これには、眼球筋肉を鍛えることが大事ですが、上下左右に視線をパッパッと移動させることで好ましい眼球運動になるのです。

なお、30秒トレーニングしたら10〜15秒休憩を入れ、これを1セットとして、最大でも10セット程度にしておきましょう。やりすぎは禁物です。もちろん眼球に違和感があれば、即座にこのトレーニングは中止してください。無理のない程度に、すきま時間を活用して基本的に毎日、眼球運動をトレーニングすることで、パフォーマンスが上がるのです。

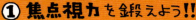

簡単にできるのでチャレンジしてほしい。ただし、やりすぎには注意

2-11 精度の高いイメージを描き、再現するトレーニングをする

　イメージトレーニングは、スポーツだけでなくあらゆる技を上達させる切り札です。言い換えれば、正しいイメージが浮かばなければ、いくら練習してもその練習はただの時間の浪費です。

　たとえば、バスケットボールのフリースローを考えてみましょう。このとき一流のプロバスケットボールの選手は、身体の動きなんて考えていません。

　彼らの脳の中に描かれるのは、これから手を離れるボールが最高の軌道を通ってリング内に入るイメージだけです。トレーニングを積んだ彼らの体は、脳に描いた軌道にボールを乗せるための体の動きを自動的に出力できるのです。

●相手の過去の実績すらじゃまになることも

　たぶん大谷翔平選手は、バッターボックスに入ったとき、頭を空っぽにしているはずです。ピッチャーの過去の投球パターンを分析して、あらかじめ傾向を調べておくほうが、ヒットを打てる確率が高まるという考え方もあるでしょう。

　しかし、大谷選手のような超一流のメジャーリーガーになると、そんな情報がかえってバットコントロールによくない影響をおよぼすという意識があるのです。

　無の境地でピッチャーと対峙する。そしてピッチャーの手からボールが離れた瞬間、瞬時にそのボールの球質、速度、軌道を読み取り、バットを振るか振らないかを決めるのです。

　そして、バットを振ると決めたら、大谷選手はボールがホームベースに届くまでに、一瞬脳裏にヒットを打つイメージを描いて、

その直後にそのイメージどおりのバットスイングを実際に再現するだけなのです。

　ピッチャーの投げるボールが、自分が描いたイメージどおりではなかったり、正しいイメージを描けても、そのボールに対応するバットスイングに少しでも狂いが生じれば、大谷選手でさえ空振りする運命です。

　つまり、イメージトレーニングは、実際にバットを振る前のリハーサルの役割を果たし、練習は、実際にイメージどおりのバッティングができたかどうかを確認する作業なのです。もしもあなたがバッティングの微妙な狂いやブレを最小化したければ、イメージトレーニングと練習の両方が必要です。どちらが欠けても、ヒットを打つ確率は低下してしまうのです。

イメージトレーニングと実際に体を動かす練習は、どちらも欠かせない

2-12 優先順位の高い練習項目をたっぷりトレーニングする

　一般的には、誰でも豊富な練習量で「ひとかどの選手」になれます。「量質転化」が「上達論」の最強方程式であることは論を待ちません。しかし、一流のアスリートと同じような練習量にもかかわらず、並みのアスリートどまりの人も少なくありません。練習量の多さは一流になるための「必要条件」ですが、「十分条件」ではないのです。

　では、一流になるための要素はなんでしょうか？

　それは1つではありません。私たちはある行動を起こすとき、PLAN（計画）→DO（行動）→CHECK（検証）のループを回します。このときの「行動の質」が問われるのです。特に計画と検証が行動の質を決定します。

●やるべきことの優先順位を決める

　アメリカの『SUCCESS』というビジネス雑誌が、アメリカのトップエグゼクティブを対象に、「あなたにとって仕事上、もっとも重要な要素はなんですか？」というアンケートをしました。その結果は、わずか2つの要素に凝縮されたのです。それは、「仕事の優先順位」と「仕事の効率化」でした。

　この「仕事」を「練習」に置き換えてみましょう。

　まずは「練習の優先順位」です。勝負にあまり貢献しない要素に練習の時間を割いても、効率のよい上達は望めません。たとえば、2時間半、テニスを練習する時間が与えられたとします。ここで、6つの練習テーマをリストアップしたとしましょう。

　プレーヤー A は6つの練習テーマを、万遍なく30分ずつ練習す

るとします。すると、残念ながらプレーヤーAの上達速度はかぎられてしまいます。なぜなら、優先順位の低い練習テーマと優先順位の高い練習テーマの練習時間が同じだからです。

プレーヤーBは、自分で決めた、あるいはコーチに相談して決めた優先順位に従って練習時間にメリハリをつけています。これは明らかにプレーヤーAよりも知的な練習法で、プレーヤーAよりも上達の速度は速くなります。勇気をもって優先順位の低いテーマを切り捨てる勇気をもつことが大事なのです。

練習はメリハリをつけ、適度な休憩を挟むのがコツ

●練習の効率化を図る

　上級者は常に効率のいい練習法を模索しています。たとえば、まず時間を決めること。だらだらと練習しても集中力は上がりません。1日5時間、6時間という長時間の猛練習は、それはそれで意味がありますが、一流のアスリートが並みのアスリートよりも時間的にたくさん練習しているかというと、前述のようにそうでもないのです。

　まず最初に、練習時間を決めてください。それもその日決めるのではなく、翌週の練習時間を日曜日の夕方、手帳に書き込みましょう。そうすると同じ週間練習時間でも、上達速度が変化するのです。たとえば、「アメリカスポーツ医学会」(https://www.acsm.org/) のデータでは、筋力トレーニングの効果が残存するのはせいぜい48時間であり、それ以上間隔をあけると、練習の成果が薄れるという結果があります。

　これは、筋力トレーニング以外にも適用できそうです。同じ練習時間でも、固めて練習するのではなく、分散させて小刻みに練習するほうが効果的なのです。たとえば、1週間に10時間練習すると決めた場合、5時間の練習を2日に分けるよりも、2時間の練習を5日に分けるほうが効果的なのです。

　なお、練習で考慮すべき要素は、2-8でも少し述べましたが、「休憩を挟んだ練習をすること」です。「練習しているときよりも、むしろ休憩しているときに上達する」という考え方があります。ある運動生理学者は、「水泳は冬に上達し、スキーは夏に上達する」という名言を吐いていますが、私も同感です。

　練習は、休憩とセットなのです。同じ1日3時間の練習も、連続してするより、小刻みに休憩を取りながらやるほうが、上達が速いのです。

画一的な練習ばかりでなく、信念に従った練習や実戦を行う

上達速度を早めるには、**できるだけ早い時期に本番を経験**することです。いくら練習しても、本番でしか学べないことのほうが圧倒的に多いからです。

日本人は、どうしても練習に時間をかける傾向があります。確かに練習は大事ですが、それはあくまでも標準的なトレーニングにすぎず、一流への道はその延長線上にはありません。

しかも、練習にあまりにも時間をかけすぎることで、教科書に載っているような標準的な型がしみつき、個性が埋没してしまう危険性もはらんでいるのです。

●できるだけ早い時期に自分が納得するやり方で経験を積む

一流になるには、できるだけ早く練習から卒業して、実戦経験を積むことです。いくら練習を重ねても、実戦で生きる「勘」は身につきません。

そして、**一流になればなるほど、練習パターンから外れたプレーになります**。練習パターンから外れた局面のなかにひそむ「とっさのチャンス」を見逃さないようにするには、実戦を積むしかないのです。

上達を加速させるもう1つの要素は、自分の納得するやり方で取り組むことです。

大谷翔平選手が一流のメジャーリーガーに登り詰めた1つの要因は、「自分が納得する練習メニューしか行わない」という事実にあると、私は考えています。あるとき、自分のこだわりについて、大谷選手はこう語っています。

結果をだせる練習の技術　第2章

実戦でなければ得られない経験の種類はたしかにある

「人と同じこと。僕はそれが嫌いなタイプなんです」

　彼は「自分が定めた信念」に従って行動する選手であり、そんな選手だけが一流に仲間入りできます。たとえ監督がなんと言おうとも、大谷選手は自分の軸（持論）を曲げません。
　徹底して自分の尺度で考えるので、たとえ完投勝利したとしても、自分が納得できないピッチングだったなら、それを許すことはありません。逆に、たとえ打ち込まれても、自分の信念にもとづいたやり方だったなら大谷選手は満足できるのです。
　うまくいかないときには、その原因を探ってやり方を修正していけばいいだけの話です。なにも考えないで、ただ監督や先生からいわれたことを忠実にやるだけでは、発想力や創造力が封じ込められてしまい、ほとんど成長は望めません。
　大谷選手のような「成長」「進歩」「上達」といった要素に対する欲が人一倍強い一流の人間は、ただひたすら**自分の信念に従った行動をとる覚悟ができている**のです。
　画一的なトレーニングは、比較的レベルの低い人間を上達させるのに好都合な、低コストで効率のよいシステムです。しかし、それは、一流のプロを鍛えるには、まったく不向きのシステムです。あえてできるだけ早い時期に、**自分の信念に従ったやり方で試行錯誤しながら成長していくことが上達の近道**なのです。

第3章
勝負強くなる技術

3-1	相手に「勝つ」ことよりも「負けない」ことを大事にする	p.70
3-2	上級者を目指すなら「守・破・離」を旨とする	p.72
3-3	「五感」をとぎすまして感性で動くことも大切にする	p.74
3-4	技の再現性を高めつつ省エネで動けるようにする	p.76
3-5	「結果志向」ではなく「プロセス志向」に徹する	p.80
3-6	1万時間練習して「名人」を目指す	p.82
COLUMN2	よいことがどんどん起こる「意思力錬成」トレーニング	p.84

相手に「勝つ」ことよりも「負けない」ことを大事にする

　上達の目的は、「結果をだす」ことです。いくら努力しても、結果がでなければ意味がありません。では、結果をだすにはどうしたらいいのでしょう？　それは、「結果志向でなく、プロセス志向に徹すること」です。この、一見矛盾している考え方が、あなたを一流に仕立ててくれるのです。

　まず、結果をだすことの大切さを頭の中に叩き込みます。次に、努力のベクトルを結果の方向に向けます。この2点を頭の中に叩き込んでおけば、あとはプロセス志向を貫けばいいのです。『負けない技術』(講談社、2009年)の中で、著者の桜井章一氏はこう語っています。

「本来の競争意識というものは、もっと動物としての素の部分、本能に近い部分に存在している。それは『勝ちたい』という限度のない欲ではなく、『負けない』という本能的な思考だ」

　桜井氏はプロ麻雀師で、その道で不敗伝説を誇る人物です。そんなプロ麻雀師をして、「勝つこと」よりも「負けないこと」のほうが何倍も難しいといわしめるのです。「勝ちたい」という欲にとらわれると、せっかくのパフォーマンスに欲というノイズが入り、実力を発揮できません。「負けない」という磐石の態勢を整えておけば欲は不要。相手が自滅することも、また多いのです。

● 負けなければ相手が自滅することもある

　私は、大学4年生の夏の最後の「全日本学生選手権」で、シー

ド選手を次々に破ってベスト8まで進出しました。そのとき私は、別段なにもしませんでした。ベースラインでただひたすら相手の打ってくる球を返球してミスをしない——このことを地道にやっただけです。というより、自分にはそれしかできなかったのです。すごいサービスとパワフルなストロークで攻撃してくるプレーヤーは最初リードしても、ミスすることなく淡々と返球してくる私との闘いに根負けして、次第に自滅してくれました。

そう、私は「勝つテニスプレーヤー」ではなく、典型的な「負けないテニスプレーヤー」だったからです。そして、ふだんからそういう意識をもちながら血のにじむような練習に励んできたからこそ、自分の潜在能力を目一杯発揮できたのです。もちろん私にも勝ちたいという欲があったのかもしれませんが、ただひたすら自分のできることをやった結果にすぎません。欲を取り払い、自分ができることに徹するのが、勝利を呼び込む秘訣の1つです。

「負けないこと」を心がけると、欲にとらわれにくい

上級者を目指すなら「守・破・離」を旨とする

オリジナリティとは「相違点」のこと。すなわち、目一杯自分の個性を発揮するだけで、自然に個性が生まれます。そのためには、自分が信じたやり方を貫き通すことです。

大谷翔平選手や羽生結弦選手のような天才といわれる人間は頑固です。他人のいうことに耳を貸しません。なぜなら自分を信じているからです。

あるいは自分の哲学を確立しているから、自分が納得のいくことしかやりません。真の上達を目指すには、そういう姿勢が求められるのです。

日本のスポーツ現場では、まだまだ画一的な指導システムが優先され、その結果、アスリートの個性が削られています。これは、とても残念なことです。

一流になる方法は、教科書には書いてありません。上達したかったらできるだけ早い時期に、教科書から離れて自分のオリジナリティを発揮することに努めるべきです。

●「そぎ落とす」作業も大切

室町時代の能役者・能作者だった世阿弥は、修業の順序として「守・破・離」を説いています。「守」で基本の流儀を習い、「破」で他流も学び、「離」で独自性をだすというものですが、この教えはもっともです。教科書に頼るのは、入門時だけにしておきましょう。それ以降は、教科書に書かれている常識を破って、いかにそこから離れるか。それによりどこまで上達するかが決まる、といっても過言ではありません。

もちろん、本や雑誌に記された基本的な知識の理解は、効率的な上達に必要でしょう。しかし、それだけを勉強しても、そこにオリジナリティはまったく存在しないのです。

また、オリジナリティを発揮する技を会得するには、ときにはつけ加えることをやめて、**むだなものの排除**を真剣に考えてみましょう。スポーツの世界でも、スランプは、なにも考えないでやみくもに不要なものをつけ加えてしまい、身動きがとれなくなる状態に陥るというケースが多いのです。なにかを勉強して賢くなったような気がするのは、たんなる錯覚かもしれません。やみくもにつけ加えれば進歩できるという考え方は、いさぎよく忘れたほうがいいのです。ダイエットは、身体だけにかぎりません。ときには、知識や技、心のダイエットも必要なのです。

場合によっては、身につけた技術をいったん捨てることも必要

3-3 「五感」をとぎすまして感性で動くことも大切にする

「上達できる人」と「上達できない人」を比較すると、上達できる人は「感性」を目一杯働かせた動作をします。一方、上達できない人は、教科書に書いてあるノウハウに頼りすぎます。

たとえば、男子プロテニスプレーヤーの錦織 圭選手とノバク・ジョコビッチ選手(セルビア)のスイングは、まったく違います。どちらも個性あふれるスイングです。彼らはみずからの感性を頼りに、独創的なスイングをつくってきたのです。

テニスの場合、ボールとガットが接触する数万分の数秒のラケットの動きだけが、ボールの行方を支配します。つまり、この数万分の数秒という、瞬きにも満たない時間にボールの行方が決められる以上、感性という脳の機能を目一杯働かせなければ、上達は望めません。

スポーツの現場では、予測できない局面で、とっさのチャンスを見逃さない能力も要求されます。レベルが高くなるほど、パターンにはまった局面は減ると考えたほうがいいのです。もちろん、敵も相手の裏をかいたり、意表をつく作戦を仕掛けてきます。そんなときは、論理ではなく感性を働かせることが大事です。感性を働かせなければ、チャンスを生かせません。

そして、この感性は、実際のスポーツの現場で場数を踏まないかぎり、鍛えられることはありません。

なにか決断する場面に直面したら、そこで感性を頼りに「エイヤッ」と決断すればそれでいいのです。たとえそれが間違っていてもやめてはいけません。場数を踏んで、感性を頼りにした決断をすればするほど、功を奏する確率は着実に高まっていきます。

●ふだんから五感を鍛える

　感覚をとぎすます習慣が、上達を加速させます。五感のうち、主役を演じるのは「視覚」です。あるレベルに到達するまで、感性が、視覚を軸にして働くのは仕方ないことです。しかし、それより上のレベルに到達するには、視覚以外の「聴覚」「触覚」「味覚」「嗅覚」まで動員することが肝要です。

「スポーツで嗅覚や味覚？」と疑問に思う方もおられるでしょう。しかし、日ごろから嗅覚や味覚を働かせることで、感性をつかさどる脳の領域の感度が高まるのです。脳に進入してくる外界の情報をキャッチして、あらゆる感覚器官を働かせる習慣が、結局試合を勝利に導くことに貢献してくれるのです。だから、味覚や嗅覚も、スポーツの上達にまったく無縁ではないのです。繊細な感覚器官をつくりあげるためにも、日常生活から切り離すことのできない食事を通して、繊細な嗅覚と味覚を磨き上げてほしいのです。

ある感覚をとぎすますと、ほかの感覚も感度が上がる

3-4 技の再現性を高めつつ省エネで動けるようにする

　1-2「高度な技の維持には反復練習が欠かせない」で少し述べましたが、一流のアスリートの条件として「反復練習を持続させる能力」を、再度強調したいと思います。もちろん、ファンを魅了する芸術的な演技が羽生結弦選手の「すごさ」であることはいうまでもありません。

　しかし、私が着目している羽生選手のすごさは、芸術的な演技そのものよりも、日々、**コツコツと反復練習を繰り返せること**です。この反復練習があるからこそ、スランプに襲われても、短期間で見事に脱出できるのです。

　目立たないところで黙々と反復練習を持続させる。アスリートにとってこの要素は、とても大切なことです。結局、安定性とは、地道な反復練習を持続することで、**自分にとっての最高のプレーを高い確率で再現できる能力**なのです。

　ときどき、サッカーやゴルフのスーパープレイがテレビの画面をにぎわせますが、超一流のアスリートを支えているのは、そのような派手なパフォーマンスだけでなく、目立たないところできっちり堅実なプレーをこなすことができる能力です。

　運動はすべて、無意識下の自動的なものでなければなりません。脳神経系の大脳基底核には完成した運動プログラムが存在し、前頭連合野の指令で瞬時に最適なプログラムが検索され、運動として発現するのです。

　ただし、一挙にパフォーマンスを引き上げる「魔法」はありません。羽生選手のように、黙々と演技を繰り返す反復練習こそ、いまだに上達の最強の手段なのです。

●上級者は省エネで体を動かせる!

　ここで、反復練習の大切さを証明する実験結果を紹介しましょう。心理学者のA. V. キャロンらは、水平な板の中央に支持台があり、その台をまたいで左右の足を置き、板が床につかないように安定姿勢を保つ「平衡維持能力の練習効果」を実験しています。その結果を78ページの図17に示します。

　30名の子どもたちに、30秒の休憩を挟んで、30秒の練習をすることを1日12回実施してもらいました。それを6日間行い、床に板がつく回数を計測したのです。

　その結果は、最初はばらつきがあったものの、練習を積み重ねることで、板が床につく回数は着実に減少しました。もちろん、毎日の練習曲線だけでなく、1週間の練習曲線も着実な向上を示しました。

　反復練習の効果は、別のところでも表れます。練習を繰り返すと消費エネルギーが顕著に減少するのです。

　79ページの図18は、水泳のスピードと酸素摂取量の関係を示しています。同じ速度で泳いだとき、初心者よりも中級者のほうが、中級者よりも上級者のほうが、明らかに効率よく泳いでいます。泳者のレベルが高くなるにつれて、同じ速度でも酸素摂取量が小さくなっています。つまり、上級者ほど経済性が高い泳ぎをしているのです。

　これは陸上選手にもいえます(79ページの図19)。1万m走の選手を比較すると、成績のよい選手は同じ速度での酸素摂取量が低いのです。酸素摂取量は、運動を遂行するエネルギー量を示す尺度ですから、むだのない動きをして、エネルギー消費量を少なくしているのが一流アスリートの共通点。これも反復練習を通して、経験を積み重ねることによりマスターできるのです。

図17 平衡板上での姿勢保持の練習効果

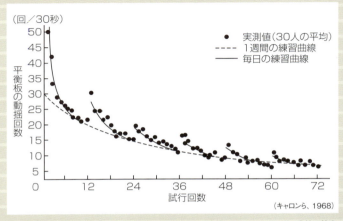

その日の最初の練習結果は、前日の最後の練習結果より成績が悪いこともあるが、成績は着実に向上している

出典:『勝利する条件』宮下充正/著(岩波書店、1995年)

図18 水泳スピードと酸素摂取量との関係

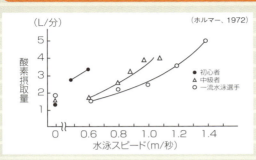

初心者は水泳スピードが遅いのに、中級者や一流水泳選手よりも酸素をたくさん摂取している。むだが多いわけだ

図19 走るスピードと酸素摂取量との関係

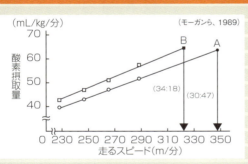

Aが上級者、Bが初心者。走るスピードが同じ場合、上級者のほうが酸素摂取量は少ない。カッコ内の数字は1万m走のタイム

3-5 「結果志向」ではなく「プロセス志向」に徹する

なにかの上達を目指すなら、「上達曲線」を知っておきましょう。上達曲線は、練習時間と上達度がかならずしも比例しません。始めて間もないころは、もっとも急速に上達しますが、たとえば野球のバッティングを習う場合、ボールをバットでとらえることは案外すぐできます。その結果、野球が楽しくなるのです。

しかし、しばらく練習していくと、かならず「プラトー」（高原）という伸び悩み現象が起きます。ここで強調したいのは、「たとえ上達が具体的な形で表れないときでもあなたは上達している」という重要な事実です。目に見える形で結果がでていなくても、伸びていないのではなく、脳内では着実に進歩していると考えるべきです。

この事実を知らずに、成果がでないことを悲観して練習をやめてしまう人が多いのです。この成長の踊り場で、成果がでなくても意欲的に練習を続けることこそ、上達の秘訣なのです。

●上達の踊り場であきらめない

私がテニス教室でプロコーチを務めていたとき、半年でやめていく人がたくさんいました。これは、最初の数カ月は驚くほど上達したのに、それ以降、進歩が鈍る時期（図20の③）や、いくらがんばっても上達しない時期（図20の④）に突入して、嫌になってしまったからです。しかし、この時期をクリアすると、初級レベルの人たちは確実に中級レベルに到達することができます。

そして、中級レベルから上級レベルに到る段階でも、同じようにプラトーは存在します。この事実を理解して、たとえ成果がで

なくてもあきらめず、練習を持続することが重要なのです。

そのためには、結果志向ではなくプロセス志向に徹すること。あまり結果に過剰反応すると、結果がでないときにモチベーションが落ちて、練習する意欲が萎えてしまうのです。

あるとき、大谷翔平選手はこう語っています。

「よかった試合より、失敗してしまった試合のほうが、心に残るんです」

たとえ結果がでなくても、モチベーションを落とさずに、黙々と練習を積み重ねたことが、大谷選手を偉大なメジャーリーガーにしたのです。結果がでなくても努力を怠らず、結果がでても浮かれず、地道に努力を続けるのが上達の基本です。

図20 典型的な上達曲線

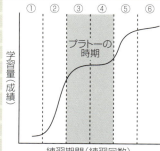

典型的な上達曲線は、①進歩のない時期、②急速に進歩する時期、③進歩が鈍る時期、④進歩が停滞する高原現象の時期、⑤ふたたび進歩する時期、⑥限界に達する時期、の6段階を経る

（白佐、1978）

このグラフにある"階段の踊り場"のような段階であきらめてしまう人が多いのですが……

停滞はあってあたり前!! 恐れることはありません

1万時間練習して「名人」を目指す

　大谷翔平選手は、なぜスポットライトを浴びているのか考えてみましょう。それは「野球」でしかありません。彼から野球を取り上げれば、私たちとまったく同じふつうの人間です。あるいは羽生結弦選手からフィギュアスケートを取り上げれば、やはりどこにでもいる若者なのです。つまり、現代は「誰にも負けないもの」が求められているのです。時代は「器用貧乏」の人間よりも、他人がまったくマネできない「名人芸」を身につけた人間を求めています。

　あなたにとって自慢できる特技はなんですか？

　テーマを絞り込んでそのことに人生の時間をたっぷり注ぐ──これほど単純な成功方程式はありません。ほかのことは犠牲にしてもいいから「一点集中」の覚悟で、その特技に命をかけてください。圧倒的な練習量を積み重ねることで、どんな特技もどんどんレベルアップさせていけます。

●自分がいちばん身につけたい特技に一点集中する

　多摩大学前学長の中谷 巌さんは「1万時間クラブ」という組織を立ち上げ、「1万時間、特定の技を磨き上げることに時間を注げば一流になれる」と語っておられます。

　1万時間というのは、毎日3時間、1日も欠かさず約10年間続けて到達できる数字です。1年に1,000時間ということです。それだけ人生の時間を注ぎ込めば、かならず周囲の人間が驚くような特異な才能を身につけられるはずです。

　もちろん、1万時間という数字そのものに、科学的な根拠はないかもしれません。ですから、厳密に1万時間にこだわる必要は

ありません。まずは、あなたがいちばん身につけたい特技にたっぷり時間を注げばいいのです。

しかし、多くの人は平日に3時間も取れないでしょう。であれば今日から、あなたの特技を磨くための時間を毎日1時間、確保してください。さらに週末の2日間にそれぞれ各2時間半、そのことに時間を注げば10時間を確保できます。つまり年間500時間も、その特技を磨く時間が確保できるのです。もちろんそのためには、ふだんからむだな時間を徹底的に排除する勇気が求められることはいうまでもありません。

やはり「継続は力なり」。1つのことを続けてきた人は強い

COLUMN2

よいことがどんどん起こる「意思力錬成トレーニング」

　私たちの身の回りには、「やったほうがいいのだけど、つい怠けてしまうこと」や「やらないほうがいいのだけど、ついやってしまうこと」がたくさんあります。前者の典型例は勉強や仕事で、後者の典型例は喫煙や過食です。

　やりたくないことでもきちんと実行するスキルや、身体にはよくないが魅力的な行動を我慢するスキルが意思力です。

　オーストラリアの心理学者ミーガン・オーテン博士らは、18歳から50歳の被験者24人に対して、2カ月間にわたりウェイトトレーニングや有酸素運動といった運動プログラムを与えました。この実験では、不思議な現象が現れました。被験者は運動習慣が身についただけでなく、飲酒量、喫煙量、カフェインの摂取量、ジャンクフードの摂取量が、著しく減少したのです。この実験結果から、オーテン博士は以下の結論をだしました。

　「無理してでもジムに行ったり、宿題を始めたり、ハンバーガーではなくサラダを食べるようにすることは、自分の考え方を変えることでもある」と。

　「何事も3週間持続させれば、習慣として根づく」といわれています。長年、毎朝のラジオ体操に励んでいる人は、意識することなく毎朝同じ時間に目覚め、自然に体操を始めることができます。「毎日、同じ場所で同じことをする」――これは、意思力を鍛える強力な要素なのです。

　頭の中だけで考えず、実際に身体を動かすことで、筋肉を増強するだけでなく、筋肉増強とは無関係な分野での意思力を増強できるのです。行動を起こすことで、意思力という「筋肉」が鍛えられ、目の前の作業を期限内にやり遂げることができ、あなたの周りでよいことが起こるのです。

第4章
集中力を高める技術

4-1	注意集中を自由自在に操れるようになる	p.86
4-2	集中力は途切れるものとあらかじめ心得る	p.92
4-3	やりたいことができる1時間を日々の励みにする	p.95
4-4	単純作業は心を無にして「瞑想の時間」とする	p.99
COLUMN3	集中力を高める「視線固定トレーニング」	p.102

4-1 注意集中を自由自在に操れるようになる

「うまい選手」と「そうでない選手」、あるいは「一流のアスリート」と「並みのアスリート」を隔てるメンタル面の要素の1つに「注意レベル」があります。

図21に4つの注意レベルを示します。注意に関して、イギリスでベストセラーになった『インナーテニス』の著者、ティモシー・ギャルウェイは4つのレベルを定めています。

● 単純な注意集中

もっとも下位の注意レベルです。たとえば、横断歩道で赤信号と青信号を見分ける作業がその典型例です。横断歩道を横切れるか、止まるべきかを判断する程度の低い注意レベルです。

● 興味をともなった注意集中

次のレベルです。たとえば、テレビを観賞しているときがそうでしょう。あなたは興味のある番組を観賞します。しかし、周囲の情報をまったく遮断しているわけではありません。

● 心を奪われる注意集中

テレビゲームに没頭しているときなどがこの状態です。周囲の雑音にもまったく惑わされることなく、テレビゲームに没頭しています。

● 無我夢中

最高レベルの注意集中です。テレビゲームに没頭するような熱い心理状態ではなく、**冷静沈着で表現される心理状態**です。

この心理状態には、特徴があります。あらゆることが驚くほど予見でき、しかも自分のやりたいことが100%コントロールできる

のです。フィギュアスケートの紀平梨花選手は、2018〜2019年シーズンのグランプリシリーズデビュー戦となったNHK杯でのフリースタイルで、1つのマイナスもない完璧な演技を見せました。日本女子で歴代最高点となる154.72点をマークし、シニアデビュー戦で初優勝を飾ったのです。このとき紀平選手は、まさにこの心理状態にあったのでしょう。

この4段階の注意レベルを状況に応じて自由自在に操れれば、間違いなくあなたは「集中力の達人」の仲間入りができるのです。
では、この4段階の注意レベルを自由自在に操るには、どうすればいいのでしょうか？ それは、ふだんから1つのことに集中する生活習慣を身につけること。たとえば、食事をするときにはテレビを消して、食べることに集中しましょう。ちょっとした工夫で最高レベルの心理状態が手に入るのです。

図21　注意集中の4つのレベル

4つのレベルの注意集中

- 無我夢中
- 心を奪われる注意集中
- 興味をともなった注意集中
- 単純な注意集中

「ここぞ」というときには、無我夢中の状態に自分の心をもっていきたい

●一流のアスリートは有限の集中力を的確に配分できる

　一流のアスリートほど、的確に注意を払えるだけでなく、広い視野で自分の周囲の状況を即座に判断できる能力をもっています。注意は一度に1つしか処理できませんが、一流のアスリートほどパッパッと瞬時にさまざまな要素に注意を払えるのです。

　たとえば、一流と並みのサッカー選手の意識配分は違います。「相手のディフェンスに対応すること」と「パスをだすこと」という2つの動作を考えてみましょう。

　相手チームのディフェンダーが高度な技を保持している場合、そちらに意識の大部分が奪われて、肝心のパスをだす作業がおろそかになります。一方、相手ディフェンダーの技のレベルが比較的低い場合、このプレーヤーをあまり意識することなく、自分がだすパスに意識を集中できます。

　つまり、注意集中の容量はほぼ一定なので、うまいディフェンダーは相手の注意集中のかなりの部分を奪い、相手のパスミスを誘えるのです。

　この注意集中は、図22のように練習量にも左右されます。たとえばテニスプレーヤーの場合、練習をたくさん積んでいるプレーヤーはサービス時に、自分のサービススイングをほとんど意識することなく、「どこを狙うか」に意識を払えます。

　一方、練習不足のプレーヤーの場合、自分のサービススイングに意識を払いすぎてしまい、「どこを狙うか」にまで気が回りません。もちろん、どちらがすばらしいサービスができるかはいうまでもありません。

　練習を積み重ねることで、一定容量である注意集中のレベルが高まったり、注意集中の対象の数が増加したりして上達していけるのです。

図22 注意の内容の配分は練習量で差がつく

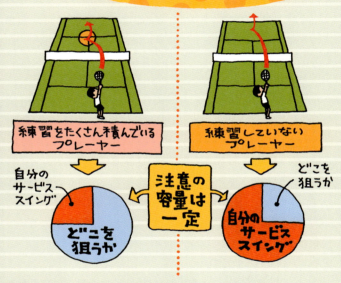

上級者は「どこを狙うか」に自分の意識を集中できるので、いいサーブを打てる

出典:『図解雑学 スポーツの科学』スポーツインキュベーションシステム/著(ナツメ社、2002年)

●心を固定しないのも集中力

沢庵宗彭(たくあんそうほう)(1573〜1646年)が著した『不動知神妙録』(徳間書店、1990年)という本があります。その中から集中の極意について述べている箇所を紹介しましょう。

「諸仏不動智という言葉があります。不動とは動かないということ、智は智慧の智です。動かないといっても、石や木のように、まったく動かぬというのではありません。心は四方八方、右左と自由に動きながら、1つの物、1つの事には決してとらわれないのが不動智なのです」

心を自由自在に動かして、1カ所に止まらない。これも集中力なのです。ちょうどパイロットの離着陸における心理状態がこれにあたるでしょう。

侍が真剣勝負に臨んだとき、心が1カ所に止まると、その侍は相手に切られる運命にあります。たとえば、10人の敵が一太刀ずつ、こちらに浴びせかけてきたとします。このとき、一太刀を受け流して、それはそのままにして心を残さず、次々と打ってくる一太刀一太刀を同じように受け流すなら、10人に対して、立派に応戦できるのです。

1点への精神集中レベルを保ちながら、それを自由自在に動かす。これがチャンピオンの集中力。身体を動かしながら、心だけは1点に集中させましょう。あるいは、1人きりになったとき、たっぷり時間をとって、もう1人の自分と対話してみましょう。

心を1点に集中させる習慣を体験によって会得しながら、その心を自由自在に動かす能力を身につける——そうすれば、あなたは最高レベルの集中を手に入れられるのです。

集中力を高める技術　第4章

10対1でも、相手が1人ずつ斬りつけてくるのなら、心を敵の誰か1人に集中させず、次々と切り替えることで立ち向かえる

4-2 集中力は途切れるものとあらかじめ心得る

　集中とは「ある具体的な対象に、行動の焦点を合わせる行為」と定義できます。目の前の相手、ボール、みずからの身体運動といった具体的な対象に意識の焦点を合わせることで、プレーの質は格段に向上します。しかし、「どうすれば意識の焦点を合わせられるのか」を具体的に理解して、着実に実行できているのは、残念ながら一握りのトップアスリートだけです。

　集中力を長時間持続させるのは、それほど簡単なことではありません。ただし、意識的に腹を立てたり、気分転換をすることで、案外集中力を保てます。大事なときに集中力が途切れたら、致命傷になりかねません。ですから、チャンピオンは意図的に集中力を途切れさせて気分をリフレッシュする心理テクニックを身につけています。

　ここで「集中力の特異性」について理解しておく必要があります。ここでいう「特異性」とは、「どんなことでも満遍なく集中力を発揮できる人間などいない」ということです。

　心理学の実験において、人間が連続して集中力を発揮できる時間は、平均して90分であることが証明されています。トップアスリートだからといって、ゲームの最初から最後まで、高いレベルの集中力を維持するのは不可能です。

　トップアスリートほど、集中力のメリハリをきっちりつけるスキルを身につけています。つまり、高いレベルの集中力は、必要な場面で発揮できればいいのです。それ以外の場面では、極力リラックスするのです。

　アメリカを代表するスポーツ心理学者で、私の先生でもあるジ

ム・レーヤー博士は「集中力もエネルギーで表現される。その総和は決まっているから、重要な局面で多くのエネルギーを消費するスキルが求められる」と語っています。

たとえば、本番で最初から高いレベルの集中力を発揮してしまうと、集中力のエネルギーが早い段階で枯渇してしまい、試合後半の重要な場面で集中力を発揮できない状況に陥ります。

つまり、「ここ一番！」という場面で高いレベルの集中力を発揮できるかは、「それ以外の場面でいかにリラックスできるか」にかかっているのです。

● 集中力が切れてもあわてない

ミスが恐ろしいのは、そのミスで相手が優勢になることだけではありません。たとえばそのときの勢いが、60対40で自分に有利なときに小さなミスをして、勢いが55対45になったとすると、まだ自分のほうが有利にもかかわらず、「しまった。ミスをした。相手に追いつかれる」という焦りが生まれ、命取りになるのです。小さなミスなのに、心の余裕を失い、新たなミスを呼びます。結

「集中力が切れたらまずい」という意識は、焦りを生む

局ずるずる相手のペースに引き込まれて、敗北を喫してしまうのです。

「転ぶのは階段の大きな段差ではなく、わずか数cmの見落としやすい段差」といいます。小さい段差ほどつまずきやすいのです。「集中とは途切れるもの」という認識をもち、そのうえで、自分なりに気持ちを切り替えて仕切り直しをする技を身につければよいのです。

集中し直す方法は、とにかく**リラックスすること**。集中力も「エネルギーの消費と補給」と同じように考えられます。エネルギーは集中することで消費しますが、リラックスすればエネルギーを回復できるのです。リラックスする時間を断続的に挟むことで、肝心の場面で高いレベルの集中力を発揮できるのです。

「気が抜けたら、もう1回集中すればいい」という意識は、自滅を防ぐ

4-3 やりたいことができる1時間を日々の励みにする

●いまを大切にする

「人生の目標をしっかり立てて、その実現を目指す」のは、悪いことではありません。ただしその前に、「私たちは、過去や未来に生きているわけではなく、いまという瞬間を生きている」という事実を、しっかりと心に刻まなければなりません。

「リストラされなければいいのだが……」といった未来の不安や恐怖心を抱えながら取り越し苦労をしたり、「あのときもっとがんばっておけばよかった」と過去のことをくよくよ考える暇があったら、もっと「いまという瞬間」を大切に生きましょう。

私が強調したいのは、「いま幸せでなければ、いつ幸せになるというのだ」ということ。いまという瞬間に没頭する。そうすれば心の中から不安やストレスが消えるのです。

●没頭する1時間を捻出する

私が、昔から繰り返し主張し続けていることがあります。それは「どんなに多忙でも、最優先で自分のやりたいことに没頭できる時間を1日1時間、確保しなさい」ということです。どんなことよりも優先させてそれを貫く——そうでなければ、生きている意味がない——そう考えてみましょう。

心理学者のジェームス・レーヤー博士は、「1日最低1時間、オフタイムでなんとしてもリラックスする時間を確保しなさい」と主張しています。これは、ダラダラ過ごす時間をつくるという意味ではなく、なにかに没頭して、心をリラックスさせる時間のことです。

たとえば、プロゴルファーの松山英樹選手やプロテニスプレー

精一杯「いま」を生きるのが、未来につながるコツだ

ヤーの錦織 圭選手のビジネスにおけるマネジメントを務めている世界最大のスポーツ・エージェント、「IMG」の創設者、マーク・マコーマック氏は生前、その忠実な実践者でした。

　彼は残念ながら2003年に他界しましたが、生前、アメリカでもっとも多忙な人間の1人でした。しかし、連日、分刻みの仕事をこなしながら、毎日1時間、テニスを楽しむ時間をきっちり確保していたのです。彼の考え方はいたって明快です。

「どうしてそんなに多忙なのにテニスを楽しむ1時間を毎日確保できるかって？　私が分刻みで仕事をしているのは、テニスをする1時間を確保するためなんだよ。テニスを目一杯楽しむことが、私の仕事のエネルギー源になっている」

　この考え方こそ、強固なストレス耐性（打たれ強さ）と集中力を身につける極意です。いますぐ、あなたの手帳の1週間のスケジュール表の中に、あなたがやりたいことをまっ先に書き込みましょう。どうしても完全にフリーな1時間を確保できなければ、次に示す時間帯でやりたいことに没頭してみましょう。

①朝の出勤前の1時間
②通勤電車の中の1時間
③昼休みの30分
④退社後の1時間
⑤風呂上がりの就寝前の30分

　没頭する1時間を毎日捻出することが、あなたに1つの才能を与えてくれるのです。

楽しいオフタイムがオンタイムを充実させる

集中力を高める技術　第4章

4-4 単純作業は心を無にして「瞑想の時間」とする

　現代人が「自分時間」を確保するのは驚くほど難しくなっています。自分の日課をチェックすると、ほとんどの時間の行動は、第三者によって支配されています。

　しかも、ほとんどの人がそれをあたり前と考えています。ここで理解してほしいのは、「ほんの100年前までは、1日のほとんどの時間を自分自身が100%コントロールしていた」ということ。

　たとえば、あなたはどれくらいの時間をスマホとのにらめっこに費やしているか考えたことがありますか？

　『平成30年度 青少年のインターネット利用環境実態調査』(内閣府)によると、満10〜17歳の青少年がスマホの利用に費やしている時間は、1日平均2時間49分にもおよびます。

　あなたに没頭できるものがなかったり、好きなことに没頭する1時間がどうしても確保できないなら、10分間でいいから、皿洗いやコピーをとる、といった単純作業に集中してみることをお勧めします。

●皿洗いで「無の境地」にたどりつく

　私はあるとき、自炊することで「皿洗いの楽しさ」を発見しました。お皿をピカピカに磨き上げることで、簡単に「無の境地」になれる自分を発見したのです。私は、よほどのことがないかぎり毎日10分間、皿洗いの時間を確保し「瞑想の時間」にあてています。「心を込めて目一杯皿洗いに没頭する」という楽しみにより、私は「集中するとはどういうことか？」を学んだのです。単純作業を楽しむことで、新しい能力を1つ獲得したのです。これは仕事に

どんな時間も貪欲に自分の成長につなげてほしい

もそのまま応用できます。集中力を身につけたかったら、単純作業を瞑想の時間にあててみましょう。

　仕事をおもしろくなくしているのは、仕事の内容ではありません。それに取り組むその人の心構えにあるのです。多くの人が「単純作業は他人によってコントロールされている時間」と勘違いしています。本人の心構えによって、**単純作業は1日における貴重な自分の時間に変わります**。単純作業の時間こそ、本来の人間らしさに戻る「回帰の時間」となるのです。

　どうせやらなければならない仕事なら、イヤイヤやるのではなく、楽しみながら効率よく処理する工夫をすればよいのです。そうすれば、あなたは「集中の達人」の仲間入りができるだけでなく、効率よく単純作業を完了させることができるのです。

COLUMN3

集中力を高める「視線固定トレーニング」

　集中力を高める手軽なトレーニング法があります。視線と集中力には深い相関関係があり、視線の動きでアスリートの心理状態を簡単に察知できます。集中力が下がっているとき、彼らの視線は不安定な動きをします。一方、集中力が高まっているときは、彼らの視線は1点に固定されています。

　高いレベルの集中力を獲得したいのであれば、視線固定のトレーニングの習慣化をお勧めします。

　やり方は簡単です。自分の手の平の中心付近にあるしわ（手相線）の交点を見つけて、そこに視線を固定します。まず、10秒間固定することから始めて、時間を延ばしていきましょう。最終的に1分間、しわの交点に視線を固定するのが目標です。もちろん、まばたきしても構いません。1日に3〜5回、1回につき3分間の視線固定トレーニングは、集中力を劇的に高めてくれます。

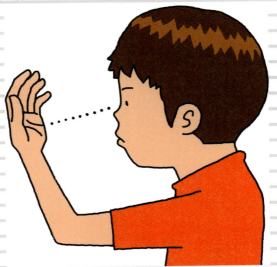

視線固定トレーニング。まずは、手の平のしわの交点を10秒間見続けてみよう

第5章
記憶の達人になる技術

5-1	「興味」「五感」「反復」で記憶力を強くする	p.104
5-2	記憶には「長期記憶」と「短期記憶」があることを知る	p.106
5-3	記憶の展開場所でもある「ワーキングメモリ」を鍛える	p.108
5-4	筋力トレーニングを記憶法に応用する	p.110
5-5	記憶するときはあらゆる感覚器官を動員する	p.112
5-6	忘れたくないことは睡眠の直前に記憶する	p.114
5-7	人の顔と名前は20秒かけて記憶する	p.116
COLUMN4	「短期記憶力」を鍛える	p.120

5-1 「興味」「五感」「反復」で記憶力を強くする

「記憶力を強くする」——これは現代人にとってもっとも興味のある上達に関するテーマの1つでしょう。書店へ行けば、記憶力を強くするための本が、ところ狭しと並んでいます。

私は、記憶力は先天的な能力ではなく、「スキル」と考えています。記憶力の強い人は、かならず「じょうずに記憶するためのスキル」を身につけています。このスキルは、脳の記憶のメカニズムにもとづいた方法である場合が多いのです。つまり、その気さえあれば、誰でも記憶の達人になれるのです。

私は、記憶するために不可欠な3つの要素があると考えています。いくら記憶する意欲があっても、この3つの要素を無視して記憶を定着させるのは困難なのです。

①興味をもつ

脳は本人が興味のある対象物を優先的に覚え、興味のないものは自動的に消去する機能をもっています。ですから記憶力を強くしたかったら、とにかく興味をもつこと。そもそも、あなたが本当に記憶したい対象は、実はたいてい興味のあることのはずです。

もちろん、受験勉強や資格試験の勉強では、興味のないことも覚えなければなりません。そんなときも、好奇心を旺盛にして、興味をもって覚えましょう。記憶すべき事柄をさまざまな角度から精査すれば、自然に記憶できることに気がつくはずです。

②五感を駆使する

あなたの五感を駆使して、複数の要素をその事柄に貼りつければ、鮮明に記憶できます。たとえば、「レモン」を記憶したかっ

たら、レモンという言葉にあの「酸っぱい味」(味覚)、「よい香り」(嗅覚)、印象的な「黄色い形」(視覚)、「キュッキュッという表面を擦る音」(聴覚)、そしてあのツルツルとした「感触」(触覚)を総動員して記憶するのです。

視覚、聴覚、触覚、味覚、嗅覚という五感を駆使しながら、記憶データとして補強すれば、明らかに忘れにくくなるのです。

③反復して記憶する

いわゆる「リハーサル効果」という脳の機能を活用します。あなたが記憶した対象は、時間が経過するとどんどん記憶から薄れていきます。定期的に記憶のリハーサルをする習慣をつければ、記憶は定着するのです。くわしくは5-4で解説します。

なにかを覚えたければ、興味をもち、五感を駆使し、ときどき反復(リハーサル)すればいいのです。

なにかを記憶するというのは「技術」である

5-2 記憶には「長期記憶」と「短期記憶」があることを知る

　人間は、歳をとれば記憶力も落ちます。それは脳の機能低下の1つです。しかし、記憶力を駆使する習慣をつけていれば、いくつになっても、脳の老化を最小限に抑えられます。

　人間の記憶には、大きな「大脳新皮質」に分散して記憶される「長期記憶」と、おもに大人の親指程度の小さな「海馬」に一時的に記憶される「短期記憶」があります。

　長期記憶は、何年経っても覚えていたりするのですが、短気記憶はとても不安定で、すぐに消し去られる運命にあります。たとえば、お年寄りが昔の印象的な出来事を覚えているのに、その日の朝食でなにを食べたかを記憶していないのはその典型例です。

● ワーキングメモリとはなにか？

　記憶力を高めて脳を活性化するには、衰えやすい典型的な短期記憶の1つである「ワーキングメモリ」を鍛えましょう。ワーキングメモリは「作業記憶」とも呼ばれ、日常生活で必要な情報を一定時間記憶させておき、それを駆使するのが役目です。

　ワーキングメモリは、おもに海馬に一時的に記憶され、長期記憶として長く覚えておくべき事柄は、自動的に海馬から大脳新皮質のどこかに移されて半永久的に記憶されます。

　たとえば、あなたがお昼にスーパーで夕食の食材を買って、冷蔵庫に保存したとします。あなたは、夕食をつくり終えるまで、一時的に食材のことを記憶しておく必要がありますが、この役割を担っているのがワーキングメモリです。あるいは、手帳に書き記してある知人の電話番号を携帯電話のボタンを押すまでの数秒

間、記憶しておくのも、典型的なワーキングメモリの働きです。ふだん、人と話をするときにも、一時的に話し相手の言葉を記憶できるから、うまくコミュニケーションがとれるのです。

人間はふだん、無意識に夕食で使う食材が冷蔵庫にあることを覚えていたり、電話をかけたり、人と話したりしますが、もしワーキングメモリに障害が起これば、電話をかけることすらできません。ふだんあたり前にしていることでも、ワーキングメモリのおかげで支障なく行え、日常生活が送れるのです。このワーキングメモリを鍛える習慣が、記憶力の増強に貢献してくれます。

なお、ワーキングメモリの記憶がすぐに失われるのには理由があります。たとえば、冷蔵庫から取りだして、その食材を使い切ったら、食材のことを覚えている必要はありません。もし、そんなことをいちいち記憶していたら、かえって日常生活に支障をきたすからです。

ワーキングメモリは一時的な記憶の保管場所だ

5-3 記憶の展開場所でもある「ワーキングメモリ」を鍛える

　記憶は「宣言的記憶」と「手続き記憶」に分けることもできます。宣言的記憶は、いわゆる「知識」です。「流動性知能」とも呼ばれています。一方、手続き記憶は、感覚器官を通して記憶するものを包括した記憶です。たとえば、テニスのサービスは、非言語の記憶であり、手続きを経て記憶されるものです。

　図23により、脳が状況に応じて記憶を利用するというメカニズムを見てみましょう。たとえば、車を運転中に交差点の信号が黄色になったとします（状況）。するとその状況を「アイコニックメモリ」が知覚（察知）します。目の前の景色から瞬時に読み取る、コンマ数秒単位の記憶です。

　すると、アイコニックメモリの記憶（信号が黄色だということ）はワーキングメモリに伝達され、一時的に記憶されます。

　同時に、ワーキングメモリに、長期記憶から引っ張りだされた記憶（信号が黄色という状況に対応するための最適な知識）が呼びだされ、行動の指針（ブレーキを踏んで止まるか、それともアクセルを踏んで通過するか）を示すのです。

●買い物ではメモを見ない！

　このように、短期記憶の1つであるワーキングメモリは行動の決定に重要な役割を果たしており、記憶力を強化してくれます。つまり、脳を若々しく維持するには、日常生活のなかでひんぱんに記憶を出し入れするワーキングメモリの駆使が欠かせないのです。たとえば、スーパーやコンビニエンスストアへ買い物に行くとき、買う物をメモするのはかまいませんが、メモを暗記して、

記憶の達人になる技術 第5章

まずはメモに頼らず購入しましょう。また、朝起きたとき、前日の夜に食べた献立を思い起こしたり、その日に訪問する得意先の担当者の顔と名前を暗記しておくのも効果的です。

なお、前述のように短期記憶の容量は比較的小さく、同時に記憶できるのは5～9個です。1956年、ジョージ・ミラーの論文『マジカルナンバー7±2』で明らかにされました。私たちは記憶の入り口としては、一度に最大9個の記憶しかできないのです。

図23 脳が状況に応じて記憶を利用するメカニズム

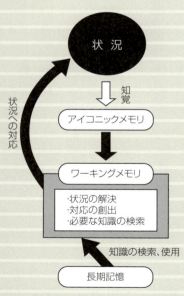

ワーキングメモリは、自分の長期記憶を展開する場所としても利用されます

だから『なにかを思いだす』という行為はワーキングメモリを鍛えるのです!!

5-4 筋力トレーニングを記憶法に応用する

　学習した内容を短期記憶から長期記憶に移行させるには、反復学習が効果的です。ここで実験をしてみましょう。以下に10個の意味のない単語を列記します。この単語を制限時間内に暗記してください。1つの単語につき5秒が制限時間です。

　　　「くれさ」「たとそ」「つみち」「ひくは」「へいね」
　　　「くこて」「ひつと」「せめき」「めつた」「らちか」

　記憶した後、復習してはいけません。そして20分後、1時間後、そして6時間後に、いくつ正しく思い出せるかテストしてください。

　ここで、有名なエビングハウスの忘却曲線について解説しておきましょう。ドイツの心理学者、ヘルマン・エビングハウスは、意味のない文字列を組み合わせて被験者に記憶させ、一度記憶した文字列をどのくらいの時間で、再度正確に記憶できるかを実験しました。たとえば、5個の文字列を覚えるのに、最初は5分かかったとします。30分後になるといくつか忘れていますが、ここで5個の文字列を覚え直します。覚え直すのに1分かかったとすると、最初の5分の1の時間で覚え直せたことになります。つまり4（分）÷5（分）＝ 0.8となり、80％の時間を節約できたことになります。これを節約率と呼び、この結果を比較しました。結果は図24の通りです。20分後の節約率は58％、1時間後は44％、1日後は26％、1週間後は23％、1カ月後は21％でした。

　この結果で注目すべきことは、記憶後は急激に忘れてしまい、1時間経つと、覚え直すのに最初にかかった時間の半分以上の時間を必要とするということです。この事実から私たちが勉強に活かすべきことは、1時間後に復習するということです。

復習した後は、その節約率も当然上昇します。1時間後に復習したら、24時間後にダメ押しの復習をしてください。

記憶は筋力トレーニングと似通っています。筋力をつけたかったら、毎日トレーニングするのではなく、1日おきにトレーニングしましょう。なぜなら、超回復という現象が起こって、筋力を増強してくれるからです。休息中、いったん破壊された筋肉が修復されて、トレーニング前よりも筋肉量が増えるのです。

記憶も、**復習と復習の間の休息時間は、記憶を整理して定着するために必要な時間**です。やみくもに復習するよりも、一定の間隔をあけて復習することが効果的なのです。

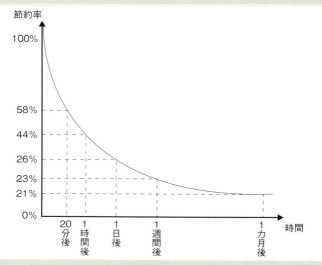

図24 エビングハウスの忘却曲線

何かを覚えたら1時間後に1回目の復習を行い、24時間後に2回目の復習を行うのが、忘れないためには効果的だ。ある程度、間をあけるのがポイントである

5-5 記憶するときはあらゆる感覚器官を動員する

 ここまで述べてきたように、記憶の達人になるのに「才能」はいりません。私は「記憶はテクニックである」と考えています。鮮明に記憶するスキルさえ身につければ、その記憶は長期記憶として定着し、安定してあなたの脳裏に定着するのです。

 記憶で大切なのは、記憶することではなく、**記憶した事柄を思い起こす作業**です。ちなみに脳の機能が低下すると、不安定な記憶が消え去るだけでなく、しっかり記憶したはずの事柄すら思いだせないという問題が起きます。

 では、定着した記憶を思い起こす能力を高めるには、どうすればよいのでしょう?

 それは5-1でも述べましたが、自分の「感覚器官」をフル稼働させることです。人間には「視覚」「聴覚」「味覚」「嗅覚」「触覚」(五感)だけでなく、「圧覚」「痛覚」「温度感覚」「運動感覚」「平衡感覚」「臓器感覚」など、ざっと挙げただけでも11の感覚器官があります。

● **より強力な感覚を利用する**

 五感よりも圧覚や痛覚のほうが、はるかに強烈です。たとえば、花火大会の人混みで押された記憶や、階段から転げ落ちた記憶をなかなか忘れにくいのはその典型例でしょう。

 これらの**感覚器官をできるだけたくさん動員して記憶する習慣**を身につけると、記憶はあなたの脳に深く刻み込まれます。それだけでなく、種々雑多なおびただしい量の記憶の入出力がおもしろいほどうまくいくのです。

 たとえば、「木綿針」を記憶するときに、針の先で手のひらをチ

クチク刺す感覚を動員すれば、忘れることはありません。もちろん、実際に刺す必要はありません（実際に刺せばより強烈な記憶になりますが……）。「バケツ」を記憶したかったら、水が一杯入ったバケツが、お腹の上に載って苦しい情景をイメージすれば鮮明に記憶できるでしょう。

頭の中で記憶するだけでなく、身体を動かして記憶するのも有効です。たとえば、英単語を記憶するとき、たんに頭で単語を丸暗記しようとするのではなく、「単語を見て」（視覚）、「自分の手で書いて」（触覚、運動感覚）、「発音してその声を自分の耳で聴く」（聴覚）のです。そうすれば効率的に記憶でき、それ以降も決して忘れることはないのです。

ほかにもいろいろな感覚と結びつけることで、より忘れにくくなる

忘れたくないことは睡眠の直前に記憶する

「睡眠前記憶法」は多くの人々に愛用されています。ベッドに入る前と、朝、目覚めた直後の、それぞれ15分間を活用すれば、おもしろいほど記憶が定着します。アメリカの心理学者ジュンキンスとダレンバックの有名な実験結果があります。彼らは、2人の大学生を対象に、ある実験をしました。

夜、ベッドに入る前に、10個の無意味なつづりの単語（たとえばNOJ、RDE、KSYなど）を暗唱できるまで繰り返し読ませました。暗唱できたらベッドで眠ってもらい、1、2、4、8時間後に起こして、眠る前に暗唱した単語をどれだけ記憶しているかを確認しました。

彼らは、同様の実験を昼間にも行いました。つまり、記憶後に寝たか、そのまま起きていたかの違いによって、どれほど記憶が保持されているかを比較したのです。その結果が図25です。

睡眠後2時間で半分ほどは忘れてしまいますが、それ以降はほとんど忘れません。一方、眠らずにいた場合は、1時間後に60％、2時間後では70％忘れ、8時間後にはたった10％しか記憶していなかったのです。

●起きていると新しい情報に上書きされてしまう

この理由は、起きているとさまざまな情報が脳内に入ってきて、不完全な記憶が次々に消し去られていくからと推測されます。睡眠中はそのようなことがないため、記憶が保存されたのです。

この記憶法で大事なのは、睡眠前に記憶した事柄を、かならず起床後すぐにおさらいをすること。一度記憶しただけでは、その記憶はとても不安定です。起床後おさらいをすることで、その

事柄は見事に長期記憶として安定して定着するのです。

　効率よく記憶したかったら睡眠前に記憶して、翌日、目覚めた直後に復習する、このテクニックがお勧めです。

　睡眠前後は、比較的誰からもじゃまをされない、とても貴重な時間帯。可能なら、毎日睡眠前後15分の計30分間を確保してください。毎日この時間帯に記憶する習慣を身につけるだけで、年間180（365×0.5時間＝182.5時間）時間以上の「記憶専用時間」を確保できるのです。

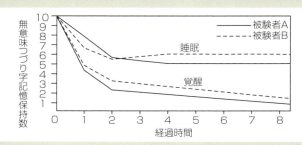

図25 ジェンキンスとダレンバックの実験

最初は寝ていても起きていても、ある程度記憶は失われるが、およそ2時間すぎから、寝ている場合は記憶の喪失が急減する。逆に起きていると、どんどん記憶は失われていく

人の顔と名前は20秒かけて記憶する

　記憶力を強くする効果的なテクニックは、「初対面の人の顔と名前を記憶する」ことです。私は、多くのビジネスパーソンに顔と名前を瞬時に記憶するテクニックを伝授して、ビジネスの成果を上げる武器として活用してもらっています。

　その前に、記憶の基本ルールである「20秒ルール」について簡単に説明しておきましょう。「20秒かけてある事柄を記憶したら、その記憶は自然に長期記憶に移行する」という、記憶の基本テクニックです。

　この「20秒」という時間にこだわるのがポイントです。この20秒という時間は、実際にメジャーリーグで起こったある事故から割りだされました。

　あるメジャーリーガーが頭部にデッドボールを受けて失神して、すぐに病院に担ぎ込まれました。幸い意識を取り戻したのですが、ボールが頭部に当たった衝撃で、その瞬間から20秒さかのぼった記憶はすべて吹っ飛んでいたのです。

　この事故により、直近の20秒間の記憶はとても不安定であることが判明したのです。

　逆にいえば、20秒かけて1つのことを記憶すれば、その記憶は短期記憶から長期記憶に移行して安定するのです。

　たとえば、家をでたあと、「電気のスイッチ、消してきたかな?」とか、「ガスの元栓、閉め忘れてないかな?」などと不安になることがあるでしょう。私もあります。なかには、気にし始めたらとても不安になり、あわてて引き返したことがある人もいるはずです。

長期記憶に移行する前の記憶は失われやすい

このようなことも、20秒かけて「電気のスイッチを消した」「ガスの元栓を閉めた」と唱えながら、それぞれ20秒かけて確認する習慣をつければ、まず忘れることはありません。

●顔と名前を記憶する究極のテクニック

　では、このやり方を応用し、20秒かけて初対面の人の顔と名前をしっかり記憶するテクニックを伝授しましょう。ここでは、福山さんという方と名刺交換をするとします。

　まず、名刺交換をしながら、「福山さんはこのお仕事を担当されて、どれぐらいになるんですか？」とか、「福山さんのご出身はどちらですか？」などと相手に質問しましょう。会話のなかに相手の名前をかならず入れて話します。

　たわいのない会話を交えながら、名刺と福山さんの顔を、20秒かけて3秒ごとに交互に見ます。もちろんこのとき、名前と顔を記憶しようと努めるのは当然です。これで、福山さんの顔と名前を一致させて記憶できます。

　記憶するリズムも重要です。3秒かけてリズムよく記憶すると、脳裏に刻み込みやすくなります。3秒のリズムで7回繰り返しながら記憶すればいいのです。

　ここで大切なことは、実際に記憶しているかどうかの確認作業です。記憶していたつもりでも案外忘れているからです。記憶し終わったら、しばらく別の作業をしてください。そして、少し時間が経ってから、自分が記憶した事柄が頭の中に残っているかを再チェックするのです。

　こうすれば、記憶は完璧に脳裏に刻み込まれるはずです。もちろんこの方法は、さまざまな記憶を長期記憶に定着させたいときに応用できます。

ここでも「思いだす」という作業が重要だ

COLUMN4

「短期記憶力」を鍛える

　歳をとるとともに、ワーキングメモリの衰えは加速します。ワーキングメモリは、日常生活を送るときに欠かせない一時的な記憶（短期記憶）の保存場所です。ここでは、短期記憶する力を鍛える短期記憶トレーニングを紹介しましょう。

　最初に、7桁の数字をメモ用紙に書き出して、裏返しにしておきます。次に、下の区の迷路をコピーして、スタートからゴールまでの正しい経路を鉛筆でたどりましょう。そして、この迷路を解いたら、先ほど記入した数字を思いだしながら、裏返しにしたメモ用紙に記入してください。表と裏を見比べて不正解なら、6桁の数字で同じようにトレーニングします。正解なら、8桁の数字で同じようにトレーニングします。このトレーニングを続けると、短期記憶力が強化され、これまで以上に安定して記憶できるようになります。

迷路問題

意識が迷路を解くことにいったん向かうので、最初の数字を思いだしにくくなる。この迷路の解答は191ページ

第6章
高いやる気を発揮する技術

6-1	まずは自分の「やる気度」をチェックする	p.122
6-2	「やる気」が起きる脳のメカニズムを理解する	p.126
6-3	「A6神経」と「A10神経」の役割と特徴を理解する	p.128
6-4	自分にとって最強の「内発的モチベーター」を探す	p.132
6-5	上達速度を加速させる「目標」を正しく設定する	p.136
6-6	「+10%」か「達成率6割」の目標レベルを自分で決める	p.138

まずは自分の「やる気度」をチェックする

　いくら努力しても、肝心の「やる気(モチベーション)」が上がらないことには、上達はほど遠いものです。まず、図26の「やる気判定用紙」で、あなたの「やる気度の現状」をチェックしてみましょう(評価リストは125ページ参照)。

　やる気を左右する要素は、専門的には「モチベーター」と呼びます。スポーツの世界でも、モチベーターを上げる技術は最重要なテーマの1つです。

　人間を特定の行動に駆り立てる要素は、専門的には「動因」と呼びます。たとえば、メジャーリーグで活躍する大谷翔平選手の心の中にある「野球が好きだ。野球をしたい」という気持ちがその典型的な例です。しかし、この「野球が好きだ。野球をしたい」という動因だけでは一流にはなれません。

　彼は同様に、「メジャーリーガーになりたい。なって活躍したい」という具体的な目標を小さいころからもち続けていたはずです。この目標は専門的には「誘因」と呼びます。「野球が好きだ。野球をしたい」という動因が、「メジャーリーガーになりたい。なって活躍したい」という、ハイレベルな誘因と融合することで強力なモチベーターとなり、彼は高いレベルのやる気をだせるのです。

　もちろん、なにが最強のモチベーターかは、個人により違います。関心事や状況によって、最強のモチベーターは人それぞれです。たとえば、ローンで念願のマイホームを建てたい人なら、「年収アップ」が最強のモチベーターになるでしょうし、一般職から管理職になる年ごろのビジネスパーソンなら、「昇進すること」が強烈なモチベーターになるでしょう。

高いやる気を発揮する技術　第6章

図26 やる気判定用紙

以下の30個の質問に答え、「はい」なら左側、「いいえ」なら右側に、程度に応じた数字を「○」で囲んでください。	はい	←		→	いいえ
1 人に誇れる得意技がある	5	4	3	2	1
2 常に夢に向かって突き進むエネルギーに満ちあふれている	5	4	3	2	1
3 日ごろからやる気を高める工夫や勉強をしている	5	4	3	2	1
4 金銭にはあまりこだわらないほうだ	5	4	3	2	1
5 叱るよりもほめるほうを優先させている	5	4	3	2	1
6 週末には十分回復に努め、翌週の英気を養うことを心がけている	5	4	3	2	1
7 なんでもそこそこなせるが、「器用貧乏」が自分の欠点である	1	2	3	4	5
8 自分の夢をいつも心に描いて行動している	5	4	3	2	1
9 ピンチになってもやる気が失せることはまったくない	5	4	3	2	1
10 将来組織のトップになるという上昇志向にかけては誰にも負けない	5	4	3	2	1
11 常に家族や仲間とのコミュニケーションを大切にしている	5	4	3	2	1
12 仕事の効率化や時間を大切にする意識が欠落している	1	2	3	4	5
13 一点集中の決意で自分の得意分野を究めることに全力を尽くせる	5	4	3	2	1
14 一生懸命がんばるのだが、ときどき目標を見失ってしまう	1	2	3	4	5
15 最近、やる気が心の底からまったくわきあがってこない	1	2	3	4	5
16 物欲は人並み以上に旺盛である	5	4	3	2	1
17 いつも相手の立場になって考えることができる	5	4	3	2	1
18 体調管理にはいつも気を配っている	5	4	3	2	1
19 忙しさに追われてなかなか自分のやりたいことに没頭できない	1	2	3	4	5
20 自分は「何事にも疑り性」であると思う	1	2	3	4	5
21 使命感があるから、なんとしてもやり遂げるという気迫に満ちている	5	4	3	2	1
22 家族によりよい生活をさせたい気持ちは人一倍強い	5	4	3	2	1
23 自分は対人関係のトラブルを起こしやすいほうである	1	2	3	4	5
24 机の上はいつもきれいに整頓されている	5	4	3	2	1
25 目標を設定して行動するのは苦手だ	1	2	3	4	5
26 夢があるから少々の逆境にはへこたれない	5	4	3	2	1
27 朝起きたとき、「今日もがんばるぞ！」という気持ちがわいてくる	5	4	3	2	1
28 報酬や肩書は、自分にとって強力なモチベーターだ	5	4	3	2	1
29 現在、組織の中の人間関係で深刻に悩んでいる	1	2	3	4	5
30 仕事をしやすい環境設定に常に気を配っている	5	4	3	2	1

●内発的モチベーターと外発的モチベーター

モチベーターは、2種類に分類されます。「内発的モチベーター」と「外発的モチベーター」です。代表的な外発的モチベーターは、金銭的な報酬や肩書、地位などです。これらは、強烈な外発的モチベーターです。しかし、「最強のモチベーターは内発的モチベーターでなければならない」というのが私の考えです。

もちろん魅力的な外発的モチベーターは、人間がなんらかの行動を続ける場合、大きな影響を与えますが、持続性においては、内発的モチベーターにかなわないのです。

アメリカの心理学者エドワード・デシは、「内発的に動機づけられた行動とは、人がそれに従事することによって、みずからが有能で自己決定的であると感知できる行動である」と述べています。

ニューヨーク・ヤンキースのエース・田中将大投手が、楽天ゴールデンイーグルスに入団したときの監督は、あの野村克也さんでした。野村監督は、田中投手が変化球でバッターを打ち取るシーンを見てちょっと不満でした。そして、ついに見かねて監督室に田中投手を呼びつけ、「あのな。お前、ルーキーなんやから、ストレートで勝負していかないと一流の投手になれんぞ!」とアドバイスしたといいます。

ところが、田中投手は「自分のやり方でやらせてください。それで負け投手になったら、いつでも二軍に落ちる覚悟ができていますから」と答えたのです。

この事実から、田中投手は自分のやり方を貫きたい(有能感)、たとえ監督にさからってでも投げ方は自分自身で決める(自己決定的)という2つの要素を大切にするアスリートだとわかります。

このように、みずからの意志で練習に取り組む「自律性」という典型的な内発的モチベーターがあなたを上達に導いてくれるのです。

やる気判定用紙の評価リスト

130点以上	あなたのやる気度は最高レベルです。
110〜129点	あなたのやる気度は明らかにすぐれています。
90〜109点	あなたのやる気度は平均レベルです。
70〜89点	あなたのやる気度は明らかに劣っています。
69点以下	あなたのやる気度は最低レベルです。

内発的モチベーターであれば、どこまでも自分を成長させられる

6-2 「やる気」が起きる脳のメカニズムを理解する

　前項で述べたように、やる気（モチベーション）こそ上達を促進するエネルギー源となります。いくら才能に満ちあふれていても、やる気が起きなければ行動する気にはなれません。やる気にはいくつかの脳の領域が関与しています。ここで、やる気がでるメカニズムについて簡単に解説してみましょう。

　たとえば、「冬の極寒の朝にウォーキングをしたい」と考えたとします。するとまず最初は、意志の脳である「前頭連合野」に、「冬の極寒の朝のウォーキング」に関して、さまざまな情報が集められます。やる気もその1つです。

　では、このやる気はどうやって決まるのでしょうか？

　やる気が決まるまでの流れを見てみましょう（図27）。まず「記憶の脳」である「海馬」に、過去の記憶が引きだされます。続いて、海馬の先端にあり「好き嫌いの脳」である「扁桃核」と交信して、物事の「好き嫌い」を決めます。

●前頭連合野と側座核の微妙な力関係

　「やる気のレベル」をコントロールしているのは、前頭連合野とのインターフェイスとなる「側座核」という器官です。側座核は、海馬や扁桃核と交信しながら、やる気のレベルを決めます。前頭連合野が興味をもった事柄は、常にこの側座核が点検します。

　すると、前頭連合野と側座核が交信して、プラス要素とマイナス要素が天秤にかけられ（綱引きを始める）、行動を起こすか否かが決まります。

　意志の脳である前頭連合野と、やる気の脳である側座核は、

微妙な力関係です。表向きには前頭連合野が側座核を支配しているのですが、いくら前頭連合野が興味をもっても、側座核が前頭連合野にマイナスのメッセージを送れば、前頭連合野は行動プログラムを行使しないのです。

冬の厳寒の朝にウォーキングするとき、「ウォーキングをしたい」というプラス要素と、「今朝の気温は−3度で超寒い」というマイナス要素が綱引きし、マイナス要素が優勢なら、側座核が最終的に「やる気なし」という結論をだすのです。逆に、寒さに強い人の側座核は、「こんな寒さなんてへっちゃら！」というポジティブ要素に強く反応し、やる気をだします。すると、やる気が脳の司令塔である前頭連合野に伝えられ、脳全体に「ウォーキングをするぞ！」というメッセージをだします。その結果、この人は厳寒の朝でもウォーキングができるのです。

上達を促進するには、これら脳の各器官の連携作業が不可欠です。どこか1つの器官でもネガティブなメッセージを発すると、やる気は高まらず、行動を起こせません。ふだんからポジティブなメッセージを発する習慣をつけるだけで、あなたは自動的にやる気のある「行動できる人間」に変身できるのです。

図27 やる気のメカニズム

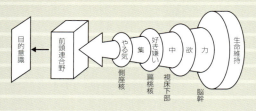

生命の器官である脳幹から、「前頭連合野」まではつながっている。私たちは、さまざまな器官の連携で、やる気をだして行動しているのだ

出典：『やる気を生む脳科学』大木幸介／著（講談社、1993年）

6-3 「A₆神経」と「A₁₀神経」の役割と特徴を理解する

 人間のやる気は、ある2つの神経のハイウェーが支えています。1つは「A₆神経」です（図28）。

 A₆神経は、好奇心や創造性、集中力の源、つまり「やる気」の源です。その証拠に、A₆神経が失調すると、簡単に「神経症」や「うつ病」を引き起こします。

 人類が類人猿から枝分かれして進化するには、ほんの短い期間しか必要なかったというのが定説です。いまから約500万年前にA₆神経のハイウェーが形成され、おそらくきわめて短期間に、人類は爆発的な進化を遂げたのです。事実、A₆神経のハイウェーは、ほかの動物にはほとんど見られません。

 A₆神経とほかの神経との間には決定的な違いがあります。それは、「抑制が利かない」ということです。たとえば、交感神経が活発になると自然に副交感神経が働いて、内臓の分泌系や循環器系の調和が保たれます。

 ところが、好奇心や創造性という人間特有の知的資源をコントロールしているA₆神経のハイウェーには、これを抑制する制御器官が見あたらないのです。好奇心や探究心が際限なく持続するのはそのためです。

 もう1つの重要な神経のハイウェーが「A₁₀神経」です（図29）。A₆神経が「やる気のハイウェー」なら、A₁₀神経は「快感のハイウェー」です。人は「快感」という、ほかの動物もおそらく保有しているであろう原始的な感覚（A₁₀神経）を、「好奇心」という知的感覚（A₆神経）に結びつけることで、劇的に「進化」したといえるのです。

図28 A6神経の位置

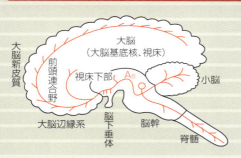

A6神経は大脳の広い範囲に広がっている

出典:『やる気を生む脳科学』大木幸介/著（講談社、1993年）

図29 A10神経の位置

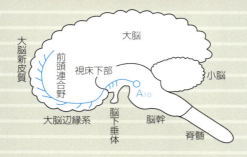

A10神経は、前頭連合野を中心に広がっている

出典:『やる気を生む脳科学』大木幸介/著（講談社、1993年）

> A6神経とA10神経をとことん活発にしつつ相乗効果を引きだすことが上達の秘訣です!!

●「寝ないでがんばる」はダメ

　A系列の神経活動に深くかかわっているのが「カテコールアミン」という神経伝達物質です。カテコールアミンは、人間の知的活動を支えている「ドーパミン」「ノルアドレナリン」「アドレナリン」の総称で、これらが人間のやる気を支えています。

　A系列の神経が興奮し続けると、カテコールアミンがどんどん消費され、減少していきます。その結果、やる気が失われ、頭がボヤッとした状態になります。その典型的な例が「睡眠不足」の状態です。睡眠不足だとA$_6$神経の活動は最低になり、創作意欲はわいてきません。

　カテコールアミンは睡眠で合成され、脳内に蓄えられます。ですから、カテコールアミンの血中濃度は朝が最大です。つまり、やる気を維持するには適度な睡眠が不可欠なのです。

　カテコールアミンのなかでは、特にドーパミンやノルアドレナリンが、やる気を高めるために大きな役割を果たしています。

　ドーパミンは、ほかの動物ではほとんど分泌されず、人間の知的司令塔、前頭連合野で過剰と思えるほど消費されています。

　ノルアドレナリンはドーパミンを原料として生産され、A$_6$神経の重要な役割である、やる気に大きく関与しています。

　ドーパミンがおもにA$_{10}$神経を中心にした精神系の神経だけに分泌されるのに対し、ノルアドレナリンは脳内だけでなく、全身に広く分布した神経にも多量に分泌され、やる気を引き起こす原動力となるのです。

「さあ仕事をしよう」「さあ運動をしよう」「さあ勉強をしよう」と意気込んでいるときには、ノルアドレナリンが活発に全身の血中に分泌されています。これらのカテコールアミンをうまくコントロールすることが、やる気を増大させる大きな鍵です。

高いやる気を発揮する技術　第6章

気合いや根性だけではすぐに限界がきてしまう

6-4 自分にとって最強の「内発的モチベーター」を探す

　スポーツにのめり込む心理について、簡単に解説しましょう。幼児期の子どもの運動経験と自己概念、およびパーソナリティの関係について、心理学者の杉原 隆氏は、図30のような模式図を作成しています。

　これによると、積極的・活動的で、なおかつ運動好きの幼児ほど、さまざまな機会をとらえて積極的に運動に参加します。その結果、有能感を体験し、それがきっかけで運動好きになっていくのです。

　一方、運動の機会があっても、無力感をもった幼児は劣等感で運動嫌いになり、自然に運動から遠ざかってしまうというのです。自己の有能さの認知が運動の機会に大きく関係しているのです。

　私の経験でも、幼児期だけでなく大人でさえ、上達するには、自分にとって有能感をもてる得意なスポーツを見つけることがとても大切です。

　また、前述の杉原氏らは、女子短期大学の学生を対象に、「運動を好きになったきっかけ」を回想法で導きだしています。134ページの図31を見てください。この図を見ると、能力（できるようになったとか、うまくなった）という要素が、スポーツに対する興味に大きな影響を与えていることがわかります。小学校時代は90％近く、中学・高校時代でも約50％が、できるようになったり、うまくなったりしたことに大きな喜びを感じたのです。

　上達するという快感は、自己の内発的モチベーションを刺激して、そのスポーツにのめり込む大きな要因になり得るのです。

高いやる気を発揮する技術　第6章

図30 スポーツで有能感を感じると運動好きになる

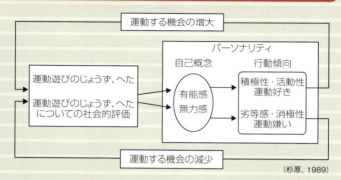

子どもは、スポーツがうまくなったと実感できたり、人からほめられたりすると、どんどんスポーツが好きになる

出典：『スポーツ社会心理学』マーティン・ハガー、ニコス・ハヅィザランティス、湯川進太郎、泊 真児、大石千歳／著(北大路書房、2007年)

●仕事もスポーツも同じ

　これは仕事にも応用できます。同じ仕事をしていても、いきいきした表情で仕事にのめり込む人と、不承不承やる人に分かれるのはなぜでしょう？

　その人がその仕事に対する好ましいモチベーターをもっているか否かが、この差を生みだすのです。このとき、仕事の内容がおもしろいかどうかはあまり関係ありません。

　たとえ、おもしろくない仕事でも、日々その仕事を通して「**能力が身についていく実感**」を得られたら、仕事にのめり込めるのです。

　大谷翔平選手が、なぜあれほど飽きずにバットを振り続けることができるのか？　それは、いまだに日々前進している手応えを確かめたいからです。そのためにも、自分で納得できるバットコントロールを獲得したい——そういう限界のないミッションへのチャレンジが、大谷選手を本気にさせているのです。

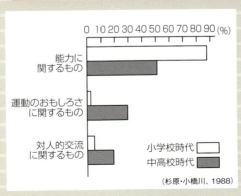

図31　人は自分の能力の向上に喜びを感じる

小学校時代、中学・高校時代を通して、能力の向上に喜びを感じる人は多い。なお、中学校時代になると、小学校時代にはあまり感じなかった「運動のおもしろさ」や、「対人的交流(の魅力)」といった要素に喜びを感じる子が増えてくる

出典:『スポーツ社会心理学』マーティン・ハガー、ニコス・ハヅィザランティス、湯川進太郎、泊 真児、大石 千歳/著
(北大路書房、2007年)

(杉原・小橋川、1988)

能力の向上以外にも、喜びを感じる要素がある

6-5 上達速度を加速させる「目標」を正しく設定する

　上達の源泉は、「目標」をもって行動を起こすことです。目標のない人生は手応えを感じられないもの。

　ただし、目標の立て方にはコツがあります。目標には大きく分けて「結果目標」と「行動目標」があります。たとえば「全国大会出場」というのは、典型的な結果目標です。

　これはこれでモチベーションを上げる要素にはなりますが、相手のあるスポーツの場合、対戦相手が圧倒的に強ければ、いくらがんばっても全国大会には出場できません。記録の上位から全国大会に出場できるスポーツの場合でも、最初から枠が決まっているので、いくら自分が納得できるよい記録をだしても、よりよい記録をだした選手がいれば、全国大会に出場できるとはかぎりません。

　また、この目標は漠然としているため、ある程度がんばる動機にはなりえますが、最高レベルのモチベーションをだせるような目標にはなりえません。では、どうしたらよいのでしょうか？

　できるなら、行動目標を立てることをお勧めします。行動目標は他者や他チームに影響されることなく、自分の努力次第で達成できる目標です。これに関しておもしろい話があります。

●下位の順位でなぜ大喜び？

　ある市民マラソンで、ゴールに駆け込む選手の表情を観察していると、興味深い現象が見られました。1位でゴールした選手は、もちろん大喜びです。同様に、上位入賞の選手も喜んでいます。

　しかし、自分の目標よりも順位を落とした選手は、落胆の表

情でゴールを切ります。もちろん下位の順位でゴールした選手は、ほとんどが疲労困憊して、落胆の表情を見せました。

しかし、最下位に近い順位の中に、ガッツポーズで満面の笑顔とともに大喜びでゴールした選手がいました。なぜなら、この選手の目標は、他者に左右される「順位」ではなく、「自己最高記録の更新」だったからです。彼はこの市民マラソンで、それまでの自己最高記録を更新したのです。

このように、自己最高記録の更新というような、他者に左右されず、自分の能力を向上させる行動目標のほうが、順位は納得できなくても、モチベーションを上げやすいのです。さらにいえば、目標とする記録は、具体的な数字がいいでしょう。水泳の選手なら「できるだけ速く泳ぐ」という漠然とした目標ではなく、「今月末までに100m平泳ぎを1分3秒以内で泳ぐ」というような感じです。

結果が自分以外の人に左右されないのはよい目標だ

6-6 「+10%」か「達成率6割」の目標レベルを自分で決める

　前項では、「結果目標」よりも「行動目標」を立てたほうがモチベーションを上げやすいと述べましたが、じょうずな目標の立て方は、これだけではありません。

　たとえば、目標設定の仕方の違いがどのように結果に影響してくるかについての、ある実験結果を紹介しましょう。

　その実験では、ライフル射撃において3つのグループを設定しています。第1グループは「ベストを尽くす」という目標を設定し、第2グループは自分で具体的な目標を設定。第3グループは実験者が被験者へ、練習ごとにこまめに目標を与えました。

　目標が「ベストを尽くす」だった第1グループは、最初よい成績を上げたのですが、それ以降の成績はあまりかんばしくありませんでした。また、自分で具体的な目標を設定した第2グループと、練習ごとにこまめに目標を与えた第3グループを比較すると、わずかながら第2グループの成績のほうがよかったのです。

　「目標は自分で決めること」が重要という事実が、この実験で確認されたのです。

●目標のレベルはどのくらいが適切?

　では、具体的に目標を設定する場合の「水準（レベル）」は、どのように決めればいいのでしょうか？　どんな水準のときモチベーションがいちばん上がるのでしょうか？

　マートンは、目標の困難度とモチベーションの関係を示しています。図32を見てください。この図を見ると、目標設定は容易なものよりも困難なほうがいいことがわかります。

第5章 高いやる気を発揮する技術

目標は自分で決めるのがベスト

図32 目標の困難度と動機づけの関係

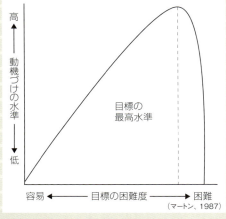

目標が難しすぎると、やる気は極度に低下する

出典：『スポーツ心理学の世界』杉原 隆、工藤孝幾、船越正康、中込四郎/著（福村出版、2000年）

しかし、あまりに高すぎる目標は感心しません。「いくらがんばっても実現できそうにない目標」より、「全力をつくせばなんとかクリアできそうな目標」のほうが、モチベーションを最大レベルに高めてくれる最適な目標設定水準です。

　これについては、ピークパフォーマンス研究の権威であるチクセントミハイ氏も、「フロー体験モデル」として同様のことを述べています（図33）。チクセントミハイ氏は、「現在立ち向かっている挑戦に、自分の能力が適合しているときに『フロー』という『至高体験』が得られる」と結論づけました。

　自分の能力よりも高すぎるレベルの挑戦をすれば、脳は「最初からこんな目標は不可能」と考えてしまい、心の中に不安が生じて、高いレベルのモチベーションを得られません。反対に自分の能力よりも低すぎるレベルの挑戦では、退屈が生まれ、たとえ目標を達成できても不完全燃焼感が残ります。

●ポイントは「＋10％」と「達成率6割」

　具体的な例を挙げましょう。

　小学生の「立ち幅跳び」の実験を紹介します。この実験では、小学生に立ち幅跳びを2回行わせました。

　まず1回目の立ち幅跳びでは、特に目標を定めず跳んでもらい、おのおのその記録を100とします。

　2回目では、小学生を5つのグループに分けます。Aグループは目標を設定しません。B、C、D、Eのグループは、それぞれ1回目の記録の100％、110％、120％、130％の距離を跳ぶことを目標にしました。その結果は図34のとおりです。

　もっとも記録を伸ばしたのは、1回目よりも10％だけ高い目標を設定したCグループでした。「10％記録を伸ばす」という目標は、

図33 フロー体験モデル

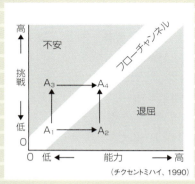

目標は「フローチャンネル」の範囲内(図ではA_1とA_4)に設定するのがベストだ

出典:『スポーツ心理学の世界』杉原 隆、工藤孝幾、船越正康、中込四郎/著(福村出版、2000年)

図34 立ち幅跳びの成績におよぼす目標の効果

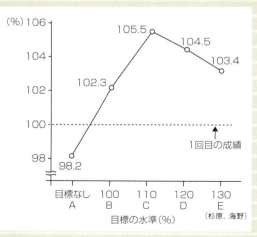

いちばん好成績だったのは、過去の実績の10%アップを目指したグループだった

けっこう使えるのです。

もう1つ紹介しましょう。

ハーバード大学のデビッド・マクルランド博士は、「輪投げ」で実験しました。ハーバード大学の学生を被験者にして、「的までの距離は自由に設定していい」というルールを設け、彼らの仕草、目つき、表情などをつぶさに観察したのです。

その結果、もっとも真剣に輪投げに取り組んだのは、5回の輪投げのうち3回的に入るような距離に的を置いたグループだったのです。「達成率6割」という目標は、私たちを真剣にさせてくれるのです。

具体的な目標数値の設定は慎重に決めたい

第7章
打たれ強くなる技術

7-1	まずは自分の「メンタルタフネス度」を確認する	p.144
7-2	理想の自分を演じて逆境に立ち向かう	p.148
7-3	心を解き放てる「自分時間」を確保する	p.150
7-4	「プレッシャー」は敵に回さず味方につける	p.153
7-5	いい仕事をするためにはオフの時間の質を高める	p.156

まずは自分の「メンタルタフネス度」を確認する

　上達の過程では、さまざまな障害が立ちはだかるでしょう。「練習（勉強）しているのになかなかうまくならない」「練習（勉強）の時間が取れない」「本番になると緊張して失敗する」「ライバルのほうが上達のスピードが速い」など、投げだしたくなることは多々あるはずです。

　上達の近道は、このような逆境に負けないように、メンタル面でタフになることです。逆境でこそ、その人の実力が試されるのです。

　たとえば、プレッシャーのかからない練習場ではすごいパフォーマンスを発揮できるのに、肝心の大事な本番になると実力を発揮できないアスリートは案外多いもの。

　チャンピオンがすごいのは、プレッシャーのかかる場面で、ふだんどおりのすごいパフォーマンスを発揮できることです。

　身体が心とつながっている以上、アスリートがいくら身体トレーニングをして高度な技を身につけても、メンタル面でタフでなければ大成しません。

　私の先生であるジム・レーヤー博士は、自著『メンタル・タフネス ストレスで強くなる』（阪急コミュニケーションズ、1998年）の中でこう語っています。

「ストレスに適切な反応ができるかどうかは重要なことである。国の将来からあなた個人の将来まで、すべてはいかにバランスを保ち、いかにストレスに反応するかで決まる。夢が実現できるか、幸せをつかむことができるか、健康を維持できるかは、基本的に

その人の強さとストレス対処能力の大きさにかかっている」

　順境に学ぶことがあるとしたら、それは自信をつけることくらい。それどころか、ちょっとうまくいったからといって浮かれていると、足をすくわれて、とんだしっぺ返しを食らうこともめずらしくないのです。むしろ、「ストレスを飛躍のチャンスと考えられる人間」だけが、成果を上げていけるのです。

　では、あなたのメンタルタフネス度をチェックしてみましょう。146ページの「メンタルタフネス度チェック用紙」を見てください（図35）。メンタルタフネス度チェック用紙の質問内容を読んで、最適な数字の「○」をぬりつぶしてください。続いて147ページの評価リストで、あなたのメンタルタフネス度を確認してください。

　もしメンタルタフネス度が低くてもガッカリする必要はありません。次項以降で述べる対策を実行すれば、強靱なメンタルタフネスを身につけられるのです。

図35 メンタルタフネス度チェック用紙

	1 2 3 4 5 6 7 8 9 10	
気分屋である	○○○○○○○○○○	平静である
弾力性がない（感情の回復が遅い）	○○○○○○○○○○	弾力性がある（感情の回復が早い）
競争心がない	○○○○○○○○○○	競争心がある
他力本願である	○○○○○○○○○○	自力本願である
打ち込むものがない	○○○○○○○○○○	打ち込むものがある
消極的である	○○○○○○○○○○	積極的である
不安である	○○○○○○○○○○	自信がある
忍耐力がない	○○○○○○○○○○	忍耐強い
自制心がない	○○○○○○○○○○	自制心がある
悲観的である	○○○○○○○○○○	楽観的である
無責任である	○○○○○○○○○○	責任感が強い
非現実的である	○○○○○○○○○○	現実的である
臆病である	○○○○○○○○○○	チャレンジ精神がある
コーチのいうことを聞かない	○○○○○○○○○○	コーチのいうことをよく聞く
散漫である	○○○○○○○○○○	集中している
未熟である	○○○○○○○○○○	成熟している
やる気がない	○○○○○○○○○○	やる気がある
感情的に柔軟でない	○○○○○○○○○○	感情的に柔軟である
問題解決がへたである	○○○○○○○○○○	問題解決がうまい
チームプレーが苦手である	○○○○○○○○○○	チームプレーが得意である
危険を好まない	○○○○○○○○○○	危険をおかすのをいとわない
演じることに熟練していない	○○○○○○○○○○	演じることに熟練している
ボディランゲージが苦手である	○○○○○○○○○○	ボディランゲージが得意である
緊張している	○○○○○○○○○○	リラックスしている
エネルギッシュでない	○○○○○○○○○○	エネルギッシュである
肉体的に健康でない	○○○○○○○○○○	肉体的に健康である

最適な数字の丸をぬりつぶしてみよう

参考：『スポーツマンのためのメンタル・タフネス』
ジム・レーヤー／著、スキャンコミュニケーションズ／訳
（阪急コミュニケーションズ、1997年）

打たれ強くなる技術 第7章

プレッシャーとのつき合い方にはコツがある。決して敵に回さないことだ

メンタルタフネス度チェック用紙の評価リスト

220点以上	あなたのメンタルタフネス度は最高レベルです。
180〜219点	あなたのメンタルタフネス度は明らかにすぐれています。
140〜179点	あなたのメンタルタフネス度は平均レベルです。
100〜139点	あなたのメンタルタフネス度は明らかに劣っています。
99点以下	あなたのメンタルタフネス度は最低レベルです。

7-2 理想の自分を演じて逆境に立ち向かう

　同じ努力をしても、「悲観的な人」は成功できません。逆に、少々才能に恵まれなくても「楽観的な人」はどんどん進歩していけます。

　しかし、多くの人々がここでいう「楽観的」の本当の意味を見誤っています。たとえば辞書で調べると、「深刻に悩んだりせず、物事をよいほうに、気楽に考えること」(『広辞苑』第六版)と書いてあります。しかし、私がここで述べているのはそういうことではありません。

　私がいう「楽観的」とは、「よくない状況をありのままにとらえ、そこから見事に脱出する具体策を考えること」です。逆境でも冷静に状況を判断して打開策を考えることこそ、楽観的な考え方なのです。

　重要なメンタルスキルの1つに「演じる能力」があります。逆境に襲われたとき「こんな逆境は乗り越えられない」とがっかりして、モチベーションを落とすのではなく、「こんな逆境はかならず乗り越えられる」と自分に言い聞かせるのがポイントです。たとえ心の中では逆境を乗り越えられないと思っていても、自分を「演じて」逆境に立ち向かうのです。

●自己イメージは私たちの運命まで変える

　ほとんどの人は、自分の能力を過少評価して「能力のない人間」を演じ、この世から別れを告げています。一方、チャンピオンやトップアスリートは、過去の出来事で起こった事実ではなく、夢物語の主人公を演じられます。だからこそ、偉大なアスリートになれたのです。

たとえば、羽生結弦選手は小学校6年生の卒業アルバムに、初めて全日本選手権に出場したことを思い出しながら、こんな言葉を記しています。

「ぼくがこの六年間で一番心に残ったことはスケートのことです。楽しかったこと、くやしかったことなどいろいろ学びました。ぼくがスケートを始めてから五年がたった四年の時、はじめて全日本へすいせんされました。初めて出場する全日本、ぼくは、きんちょうよりも、ワクワクしていました。（中略）ぼくはこの大会で『観客に感謝したい』という気持ちを学びました。これからもスケートを続けていろいろなことを学んでいきたいです」

自己イメージの描き方で、その人間の運命は決まるのです。

イメージするだけで、理想を実現する可能性が上がる

心を解き放てる「自分時間」を確保する

　打たれ強い人間になるには、「自分を見つめ直す習慣」を身につけることです。時間は決して止まってくれません。多くの人々が、「多忙という悪魔」に取りつかれて、自分のやりたいことを片隅に追いやっています。

　あなたは「処理しなければ1日が終わらない作業の奴隷」になりさがっていませんか？　いくら地位や報酬が高くても、自分時間のない、仕事に振り回されている人は仕事が空回りします。そういう人は態度ですぐにわかります。

　私は週末の半日を「自分時間」としてぜいたくに使うことを提唱しています。

　好きなことに目一杯没頭する——多くの人が、この時間を確保してから、人生が目に見えて充実するようになったと告白しています。肝心のオンタイムを充実させるためには、オフタイムでエネルギーを充填する必要があります。ぜひあなたも、断固として自分時間を確保してほしいのです。

　私の提唱に賛同してくれた多くの人々は、土曜日か日曜日にこの時間を設定して1つのテーマを決め、思いきり人生を謳歌しています。自分時間とは、1人きりになって自分を見つめ直す時間でもあるのです。

●家族でさえも入室禁止!

　私の大学時代の友人は、自宅の書斎で週末を過ごすとき、ドアの入口に「自分時間実施中」という看板をつくって掲げています。ほっとひと息つくために居間でお茶を飲むとき以外は、家族も

打たれ強くなる技術 第7章

どんな人にも、すべてを忘れて没頭する時間が不可欠だ

入室厳禁です。

　彼は、この時間を利用して、子どものころ熱中していたプラモデルや鉄道模型づくりに明け暮れています。ときには1人きりでドライブにでかけることもあります。

　もちろん、彼が家族サービスをおろそかにしているわけではありません。週末のもう1日は、家族のショッピングにつきあったり、家族でお気に入りのレストランに行き、舌鼓を打つこともあるのです。

　なかには、平日のうち2日はよほどのことがないかぎり、定時で仕事を切り上げて「1人きりの時間」を確保する人もいます。

　あらゆる拘束を解き放って、いま自分がなにをしたいかについて真剣に考えましょう。自分時間は、「自分の心に素直に従うこと」を再認識する時間でもあるのです。それが心の満足を生みだし、人生の楽しみが倍加します。仕事だけでなく、すべてのことに対して、やる気あふれる自分を発見できるはずです。

打たれ強くなる技術 第7章

7-1 「プレッシャー」は敵に回さず味方につける

　スポーツにおいて「プレッシャー耐性」は重要な要素です。7-1でも少し述べましたが、練習ではすばらしいパフォーマンスを発揮できるのに、大事な本番では萎縮して実力を発揮できない——これはスポーツにかぎらず、演奏会や仕事でもよくある話です。

　用意周到、準備万端で臨んだ大事なプレゼンで上がってしまい、うまくいかなかった、大事なコンクールでふだんの演奏が全然できなかったなど、身に覚えのある人も多いでしょう。

　マクロードとマテウスが興味深い実験を行っています。その結果を154ページの図36に示します。この実験は、「試験での心配を表現する言葉が、被験者の注意を引きつける」という事実を証明しています。

　プレッシャーに負けないためには、「プレッシャーを克服する」という意識ではなく、「プレッシャーを抱えながら、ベストをつくす」という意識が大事です。

　「常に平常心を維持してベストをつくそう」といった、プレッシャー耐性を上げる「結果志向ではなくプロセス志向に自分を向けさせてくれるメッセージ」を、ふだんから自分に語りかける習慣をつければいいのです。

　羽生結弦選手はこう語っています。

　「期待されている感覚が好き。それはプレッシャーじゃなくて快感なんです」

　彼はプレッシャーを、敵どころか味方にしているのです。

153

図36 マクロードとマテウスの実験課題と結果

実験では一方に「不安語」(失敗、準備不足……など)、もう一方には「中性語」(虹、やわらかい……など)をだした。そして2つの単語を表示したあとに四角いマークをかならずだして、被験者にキーを押させた。この実験の結果、まだ試験まで間がある3カ月前は被験者に差は見られなかったが、試験を間近に控えた1週間前は、四角いマークがでたらキーを押す時間が早くなる学生(上がりやすい学生)とそうでない学生(上がりにくい学生)にはっきりと分かれ、明らかに不安語に強く反応する上がりやすい学生がいた

打たれ強くなる技術 第7章

【実験の解説】

① この実験は、試験の3カ月前と1週間前に行われた
② 被験者（試験を控えた大学生）は、コンピュータのディスプレイに並んでいる2つの単語を同時に見て、上の単語は声をだして読み、下の単語は無視する
③ 文字が消えたあと、その場所に「四角いマーク」がでてきたら、上下どちらであってもすばやくキーを押す

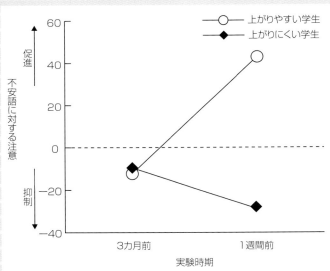

(MacLeod&Mathews、1988より作成)

不安語に注意を向けた場合はプラス（促進）に、不安語に注意を向けなかった場合はマイナス（抑制）にプロットされている

出典：『スポーツ心理学の世界』杉原 隆・工藤孝幾・船越正康・中込四郎／著（福村出版、2000年）

155

7-5 いい仕事をするためには オフの時間の質を高める

　これから頭角を現すだろうアスリートは、充実したオフタイムの大切さを理解できる人です。練習時間の多さと成績のよさは、かならずしも比例しません。なぜなら、オンタイムとオフタイムは「車の両輪」のようなものだからです。これは仕事でも同じです。

　ゴルフに明け暮れるプロゴルファーが一流になる確率が小さいのと同じように、仕事に明け暮れるビジネスパーソンは大きな成果を上げることなどできないのです。

　回復こそ、アスリートのみならず、すべての人間にとって良質な成果をもたらす「サプリメント」になるのです。あるとき、大谷翔平選手はこう語っています。

「登板の日は、午前中に必ず映画を1本見てリラックスします」

　大谷選手にとって、これこそが大切なオフタイムの時間なのです。
　ほとんどの人は、仕事がうまくいかない理由を、オンタイム（仕事）に求めます。しかし、たいていの場合、オンタイムにその理由は見あたらず、**オフタイムに問題があります**。

　たとえば、プロゴルファーがスコアの悪さをスイングのまずさのせいにしていたら、大成できません。なぜならたいていの場合、そのゴルファーの問題点は、スイングのまずさではなく、オフタイムの衣・食・住のどこかに問題があるからです。その問題のせいで、肝心の場面に集中力を欠いてしまうのです。

　オフタイムの充実がなければ、肝心のオンタイムに生き生きと集中して仕事に没頭することはできません。

●自分のオフタイムの質を確認する

158ページの「オフタイム充実度チェック用紙」を見てください（図37）。私が指導するアスリートには、これらのデータを詳細に記入することを勧めています。特に、

- **食べる**
- **眠る**
- **飲む**
- **運動する**

という4つの要素を最高レベルに引き上げることが大事です。たとえば、前日の夕食がおいしくなかったら、翌日、身体を最高の状態に維持できないのです。

私は、オフタイムを充実させるだけで、ランク100位の選手が10位以内に入れると確信しています。

ひと昔前、「猛烈サラリーマン」という言葉がはやりました。

「自分のみならず、家族の幸せまで犠牲にして、ただひたすら仕事にのめり込んだ人間だけが成功できる」

という伝説がまかり通っていた時代があったのです。しかし、もはやこの考え方は明らかに時代遅れです。オフタイムに十分な休息を取った人間だけが、肝心のオンタイムですごい仕事をやってのけるのです。

ふだんから、自分のオフタイムの充実度をチェック用紙で点検していれば、自然にハイレベルのパフォーマンスを発揮して、すごい成果を上げることができるようになるのです。

図37 オフタイム充実度チェック用紙

トレーニング項目	月	火	水	木	金	土	日
筋力トレーニング(分)							
食事回数(1〜3)							
食事内容(1〜5)							
起床時間(時刻)							
就寝時間(時刻)							
睡眠時間(時間)							
睡眠の質(1〜5)							
ポジティブな態度(1〜5)							
自信があった(1〜5)							
集中力レベル(1〜5)							
やる気レベル(1〜5)							
楽しかった(1〜5)							
リラックスできた(1〜5)							
充実していた(1〜5)							

注)
・1〜5の評価…1：最低、5：最高（程度に応じて1〜5を記入）
・筋力トレーニング…例)15
・食事回数…1〜3回の数字を記入
・起床時間…例)6：00
・就寝時間…例)23：45
・睡眠時間…例)6.5

毎日、就寝前に、ぜひこのチェック用紙に記入してほしい

オフタイムの充実が上達の秘訣です。このチェック用紙を使って、ふだんの充実度を確認しておきましょう

いまは低くてもなるべく高い数字がつけられるように改善してください!!

第8章
創造性を発揮する技術

8-1	「探求心」→「発見」→「快感」という流れを高速回転させる p.160
8-2	「アイディアメモ」で一瞬の直観を記録する p.163
8-3	脳を酷使し終わったあとの一瞬のひらめきを逃さない p.167
8-4	「直観トレーニング」で直観の精度を高める p.175
8-5	好きなように「メモ」を取って思いがけない発想を手に入れる p.179
8-6	発想は実際に絵に描いてアウトプットする p.183
8-7	「制約」こそ斬新なひらめきを生みだす「母」と心得る p.187

8-1 「探求心」→「発見」→「快感」という流れを高速回転させる

　人間だけに与えられたすばらしい才能。それが「創造性(オリジナリティ)」です。人間は、創造性を手に入れたからこそ、ほかの動物とは異なり、爆発的な進化を遂げることができたのです。

　6-3で述べましたが、快感物質である「ドーパミン」こそ創造力の源であり、人間の脳だけに大量に分泌される神経伝達物質です。

　ドーパミンは、たとえば「新しいものを生みだす瞬間」に多量に分泌されます。あるいは「昨日できなかったことが今日できた」ときにも、多量に分泌されるはずです。

　初めてマラソンを完走し、達成感を感じた人の脳には、ドーパミンが多量に分泌されるでしょう。それが至高の快感となって、マラソンが病みつきになるのです。

　こうして一度にドーパミンが多量に分泌すると、この快感が新たな知的好奇心を育み、その結果、人類に絶え間ない進歩をもたらしてきたのです。

　あくまでも私の仮説にすぎないのですが、成功者は、過剰にドーパミンを分泌させて、創造性を生みだす脳のもち主であると考えています。

　ところで、このドーパミンがとめどなく分泌されて快感が持続すると、身体が疲れ果ててしまいます。そのため、ふつうは「オートレセプター」というリミッターが働いてドーパミンを回収し、ドーパミンの分泌を抑制します。「快感」は一定レベルで抑制されるのです。

　しかし、人間の脳のなかで、唯一「オートレセプターが欠落している部分」があるのです。それが、おもに「創造力」を育む「A_6

創造性と快感が結びついているのは人間ならではだ

神経」です。つまり、人間の快感のなかで唯一歯止めがきかないのが、創造力なのです。

創造性を働かせてなにかを生みだす習慣をつけることで、前頭連合野はドーパミンを分泌しやすい脳に変わり、快感を得てまた創造性を発揮する……という理想的なサイクルが生まれます。

●「探求心」が上達の源

この創造性を促進するのは「好奇心」です。いくら創造性に満ちた前頭連合野をもっていても、肝心の好奇心が欠如していたのでは創造性は生まれてきません。

さらに、ただの好奇心では、広く浅い博学だけで終わってしまいます。好奇心が1つのテーマに凝縮され、深く突きつめて考え抜くものが「探究心」です。

大谷翔平選手を偉大なメジャーリーガーに仕立てたのは、実は彼の探究心にあるのです。

なぜ彼は、あれほどすごいバッティングとピッチングを身につけることができたのでしょう？　それは飽くなき探究心にあるのです。

「もっとすごいボールを投げたい」
「もっとバットコントロールを進化させたい」
「もっと完璧なフォームを身につけたい」

この限界のない探究心こそ、大谷選手の上達の源泉なのです。上達したという事実で快感を得て、それを持続させるとき、それがなんであっても、ドーパミンが関与していることはまちがいありません。

創造性を発揮する技術　第8章

8-2 「アイディアメモ」で一瞬の直観を記録する

　朝夕の電車の中の通勤時間、バスでの移動時間、昼間の休憩時間、人との待ち合わせ時間、会議が始まるまでの数分間……「すきま時間」を寄せ集めると、少なくとも1日数時間になるはずです。すきま時間は、半分をなにも考えないリラックスする時間、もう半分をアイディア作成の時間にあてたいものです。

　アイディア作成は簡単です。図38の「アイディアメモ」をコピーして、常時最低5枚は手帳のポケットに忍ばせておき、ちょっとしたすきま時間を利用して、いま考えていることを書きだせばいいのです。高度情報化社会でも、あいかわらずメモはアイディアの宝庫なのです。

　専用アイディアメモに書きだすだけで、そのときあなたがなにを考えていたかが手に取るようにわかります。書き終わった用紙をファイルしておけば日記代わりにもなります。アイディアメモに、場所や時間もしっかり記入しておけば、**良質のアイディアがでる時間帯や場所の傾向までわかるのです**。

　アイディアが浮かび上がった瞬間、それをメモしておかないと、簡単に消え去ってしまいます。しかも、ふたたびそのアイディアが浮かび上がってくる保証はどこにもありません。
「重要なことは頭の中に記憶される」というのは誤りです。たいていの場合、「あのときは確かに重要なヒントが頭に浮かんだのに、いまとなっては全然思いだせない……」という事態におちいります。でも、アイディアのほんの断片でもよいから書き留めておけば、「連想」が働いてアイディアはよみがえるのです。

　なかには小型のボイスレコーダーを鞄に入れて、考えているこ

図38 アイディアメモ

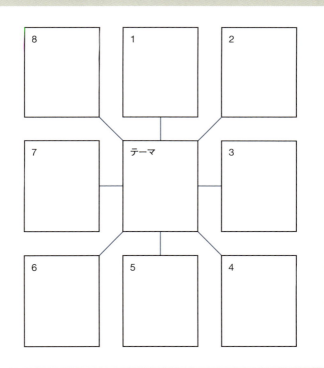

とをどんどん録音していく人もいます。これも賢明な方法ですが、問題もあります。実際にやってみると、再生する時間に案外時間を取られてしまうからです。しかも、聴くだけでなく要点をまとめてメモ用紙や手帳に書きだす作業に、相当のエネルギーがいるのです。それを承知でやれるなら、試してもいいでしょう。

●どこでアイディアが生まれてもいいようにする

　アイディアはどこで生まれるか予測できません。トイレや入浴の時間も侮れません。

　案外、毎日同じような時間をすごす場所ですごいアイディアがでてくるのです。私は2年間アメリカに住んでいたことがありますが、当時、NASA（アメリカ航空宇宙局）の研究施設には、すべてのトイレにメモ用紙とペンが常備されていました。トイレでのひらめきが、偉大な仕事のヒントになるかもしれないからです。

　耐水性の紙とペンを浴室に常備している学者もめずらしくありません。「そこまでして……！」というほどのこだわりが、天才になるためのパスポートなのです。

　実は、ひらめきは最初の3分間が勝負です。会議でも打ち合わせでも、そこに参加している人の集中力が高いのは、最初と最後の3分です。言い換えれば、3分というすきま時間は、高いレベルの集中力を発揮できる貴重な時間です。つまり「すきま時間」ほど、アイディアの捻出に適した時間帯はないのです。

　机の前で1時間、頭をひねっても浮かびあがらなかったのに、わずか数分間のトイレの中で、驚くほど革新的なアイディアが浮かびあがることもまれではありません。

　3分考えてもいいアイディアがでてこなければ、いったん考えるのをやめて気持ちをリフレッシュさせましょう。深呼吸したり、

窓の外の景色を楽しんだりして、気分転換すればいいのです。

思索を再開するときは、できるだけ、**まったく別のアイディアについて頭をひねりましょう**。テーマを変えることで、脳がリフレッシュして、ふたたび高い集中力を維持できます。

「すきま時間」をちょっとした工夫で活用して、思索にふけることにより、あなたは驚くほど貴重なアイディアをキャッチすることができるのです。

斬新なアイディアは、なにかに集中したあと、ふっと気を抜いたときに思い浮かぶことが多い。そのタイミングを逃さないようにしよう

8-3 脳を酷使し終わったあとの一瞬のひらめきを逃さない

　スポーツの指導者は、「直観の鈍い選手は大成しない」と断言します。大企業の経営者も「直観が働かない社員はいらない」と力説します。スポーツでもビジネスでも、直観は不可欠です。

　ところで、読者のみなさんは、「直観」と「直観でないもの」の区別がつきますか？

　たとえば、サイコロを振る前に、でる数字を予測する行為は直観とは呼びません。なぜなら、サイコロを振る前にでる数字を予測する手がかりはなにもないからです。

　宝くじもそうです。まったく他人まかせですから、手の打ちようがありません。宝くじに当たった人が、テレビの特番などで「宝くじの当選発表の前夜、夢を見ました。夢の中で私の購入した番号が当たるという神のお告げがありました」などと語っていたりします。これがつくり話かどうかはわかりませんが、当たったあとなら、なんとでもいえるのです。

　では、競馬はどうでしょう？　パドックで馬を見て「この馬は今日走りそうな気がする」と感じたら、それはもしかしたら「直観のようなもの」かもしれません。つまり、サイコロや宝くじよりも直観が働く可能性は高いのです。ただしそれも、本来の直観とは少し異なります。

　真の直観とは、天才が優秀な人間から1つ抜けでるために不可欠なもの。たとえば、まったくの素人が、直観だけでノーベル賞を受賞することは、絶対にありません。その分野で、ありったけのエネルギーを注いだ人間が、思索に思索を重ねたとき、突然、稲妻のように頭の中にひらめくもの——これが直観の正体です。

すぐれた直観は、その道のプロこそひらめく

たとえば、ニュートンはたんにリンゴが木から落ちるのを見て、偶然「万有引力の法則」を発見したわけではありません。彼がそれまで思索を続けてきた脳内のネットワークに道をつけたのが、リンゴが落ちるシーンだった、という表現のほうが正しいのです。

　アルキメデスにしても、お風呂には毎日入っていたはずです。では、なぜその瞬間「ユーリカ！」（古代ギリシア語で、「見つけた」の意味）と叫んで、王冠の体積を計測する方法を思いついたのか？　それは、思索に思索を重ねていたからこそ、浴槽の水位が上がるシーンを引き金として直観を出力できたのです。

　このように本当の直観は、革命的なアイディアがひらめくのに必要な最後の神経ネットワークの回路が結ばれた瞬間に生みだされるものです。これが直観の正体である以上、無から直観が生まれることはないのです。

●リラックスした瞬間に直観は生まれやすい

　オーストリアの作曲家、演奏家であった、かの有名なモーツァルトは、自伝の中でこう語っています。

「馬車での遠乗り、食後の散歩、眠れぬ夜など、1人ぼっちながら楽しい気分ですごしているようなときには、最高のアイディアがこんこんとわいてきます。しかし、それがどこからどのようにして表れるかわかりませんし、意図的にひねりだそうとしても無理なのです」

　この言葉が意味することは、直観は、思索に思索を重ねて脳が飽和状態になったあと、気分転換した瞬間に頭の中にひらめくものであるということです。環境が変わって、まったく異質のも

のを見た瞬間に生みだされる確率が高いのです。

　たとえば、グーテンベルクの頭に「活版印刷」の構想が浮かんだのは、「ぶどうしぼり器」を見た瞬間でした。

　モーツァルトは、オレンジを見て、その5年前に訪れたナポリが頭の中に浮かびあがり、「ドン・ジョバンニ」のカンタータ作曲のヒントが生まれたのです。

　アインシュタインは、シャワーを浴びているときやひげをそっているときに、アイディアをひらめいたといいます。

　先ほどのニュートンにしても、当時、イギリスはペストが流行していて、所属するケンブリッジ大学が閉鎖されていました。そのためニュートンは故郷に戻っており、帰郷といういつもの生活

直観はひねりだすものではない！

とは違う「刺激」を受けたからこそ、庭のリンゴが落ちるのを見て直観を生みだせたのです。

　私の執筆テーマも、自宅の机の前ではなかなか生まれません。週末に連続10時間執筆し続けてアイディアがいきづまったとき、私は30分かけて、家の近くをウォーキングする習慣を身につけています。これが私にとっての格好な気分転換になるのです。ときには、1日に3回ウォーキングすることもあります。

　すると、新たなアイディアがふたたびどんどん浮かんでくるのです。これは直観が働いている証拠です。ときには始末の悪いことに、ウォーキングの途中にアイディアが浮かんでくることがあります。

　そんなときには、あわてず、すぐに立ち止まって、ポケットからスマホを取りだし、アイディアをメモアプリに書き留めます。

　煮詰まったら、新しい環境に身を置いて、リラックスした状態で直観を待ちましょう。決して無理やり直観をひねりだそうとしてはいけません。そうすれば、あなたにもひらめきがやってくるのです。

●新しい趣味や旅行でも「直観」は生まれる

　直観は、新しい趣味やスポーツをしたり、行ったことのない場所を訪れたりしたときにも生まれやすいものです。あなたが好むと好まざるとにかかわらず、脳は間違いなくリフレッシュできるからです。

　たとえば、アンリ・ポアンカレは、自室に閉じこもって「フックス関数」の研究に励みましたが、まったく成果は得られませんでした。ところが、あるとき旅行にでかけ、馬車に乗ろうと階段に足をかけた瞬間、驚くべき解決策が頭にひらめいたのです。

アインシュタインが偉大なひらめきを得たのは、自室で思索にふけっているときではなく、レマン湖にヨットを浮かべて釣り糸を垂れているときでした。

　次ページに50種類の「気晴らしメニュー」をリストアップしてみました。アフター5や週末の時間を活用して、いままで体験したことのなかった気晴らしを選んで実行してみましょう。このリストはそのためにあります。ただし、くれぐれもメモ用紙とペン（またはスマホ）だけは肌身離さず携帯するようにしてください。

アインシュタインは、レマン湖で気分転換をしているときにアイディアが浮かんだ

第8章 創造性を発揮する技術

50種類の気晴らしメニュー

❶ けん玉をする
❷ セミナーに参加する
❸ 違ったジャンルの本を読む
❹ キャッチボールをする
❺ ヨットを習う
❻ デジカメに凝る
❼ 神社仏閣を訪れる
❽ バドミントンを楽しむ
❾ ゲームセンターに行く
❿ 新しいレストランを開拓する
⓫ バードウォッチングを楽しむ
⓬ コンサートにでかける
⓭ 美術館に行く
⓮ ガーデニングを楽しむ
⓯ ワインを楽しむ
⓰ 日曜大工をする
⓱ 海を見に行く
⓲ 合唱団に入る
⓳ 俳句や短歌をつくる
⓴ 英語以外の語学を習得する
㉑ ダンスを習う
㉒ 乗馬を習う
㉓ 楽器を習う
㉔ 温泉に行く
㉕ ジャズを聴く

㉖ お笑い番組を見る
㉗ フィットネスクラブへ行く
㉘ バーベキューパーティを開く
㉙ 日記をつける
㉚ 銭湯に行く
㉛ プラモデルをつくる
㉜ 競馬を楽しむ
㉝ 料理をつくる
㉞ 将棋や囲碁を始める
㉟ 早足で公園を歩く
㊱ 高層ビルの屋上に登る
㊲ サイクリングを楽しむ
㊳ フリスビーを楽しむ
㊴ ボランティアをする
㊵ 博物館に行く
㊶ 釣りにでかける
㊷ 茶を楽しむ
㊸ ゴルフ練習場へ行く
㊹ ボウリングを楽しむ
㊺ ジョギングをする
㊻ 絵を描く
㊼ テニスをする
㊽ ラジコン飛行機を飛ばす
㊾ インテリアを替える
㊿ 書店を訪れる

創造性を発揮する技術　第8章

8-4 「直観トレーニング」で直観の精度を高める

　前項で述べたように直観は、鍛えあげた脳が、ふだんなら気がつかないようなささいな情報を読み取って、誰も気がつかないようなアイディアを提供するものです。脳のセンサーを敏感にすることで、目の前の「かすかな気づき」を知覚するのです。

　たとえば、史上最高の投資家の1人、ジョージ・ソロスは自著『ジョージ・ソロス』(テレコムスタッフ、1996年)の中でこう語っています。

「体が痛くなるんだよ。私はかなり動物的な勘に頼っていてね。以前さかんにファンドを動かしていたときには、背中の痛みに悩まされた。その鋭い痛みが始まったのを、自分の投資リストのどこかにおかしいところがある合図だと受け取ったわけだ」

　ソロスが、この手法による資産運用で信じられないほどの成功を収めたことは厳然たる事実です。いくら最先端のコンピュータで科学的な分析を加えても、株価の将来を予測することなどできません。

　一見、科学的な投資の運用法とはかけ離れたものに見えますが、ソロスの膨大な量の思索や経験に裏打ちされた直観が、本人も意識しないうちに投資リストのおかしさに気がつき、それを知らせる警告が体の痛みとなったのでしょう。そしてこの体の痛みを、これまたソロスの直観が「投資リストのおかしさを知らせている」と認知したと思われるのです。

　私にとって興味深いのは、このソロスの脳の鋭さです。つまり、

膨大な量の思索や経験に裏打ちされた直観は、ふつうは気がつかないような論理の誤りを見抜くツールになりうるのです。

アメリカ経済界で、歴史上もっとも有能な経営者の1人であるジェネラル・エレクトリック社の元CEO、ジャック・ウェルチは、こう語っています。

「重要な決断をするときは、私はいつも勘に頼っていたが、過去を分析して決断できるようなものは、たいていの場合、たいした決断ではない」

このように、重要な決断ほど直観の力に頼らざるをえないのです。だからこそ、正しい直観を生みだせる鋭い脳に変えていく必要があるのです。

経験を積んだ達人の直観はたいへん鋭い

●直観を鍛える「直観トレーニング」の勧め

　それでは、私が提唱する「直観トレーニング」を紹介しましょう。178ページに5つの質問が示してあります（図39）。

　朝、起きたらこれらの質問に対して、心をすませて勘を頼りに答えます。できれば、この用紙をコピーして枕元に用意しておき、起床直後に5分間かけて瞑想しながら、心をとぎすませて質問に答えてください。

　まずは「日付」を入れ、「体調」「精神面」「睡眠」について10点満点で評価しましょう。もちろん点数が高いほど状態は良好ということです。次に5つの質問に答えていきましょう。10点満点で予測してください。また、ふと思いついたことなどがあれば、「今日1日の予測をする」に記入します。朝はこれで終了です。

　次は就寝前です。その日1日が終わってベッドに就く前に、その日あったことを脳裏に鮮明に描いて振り返りながら、朝と同様、用紙に記入されている5つの質問に対して10点満点で結果を記入してみましょう。特筆することがあれば、「今日1日の勘を振り返る」に記入します。

　これが終わったら、朝と夜の「総得点」を計算して記入しましょう。もちろん、総得点が高いほどその日はいい日であることはいうまでもありません。

　続いて「就寝前の総得点」から「起床後の総得点」を引いてみましょう。この得点差が少ないほど、その日の朝の勘は冴えていたわけです。得点差の目標は10点以内です。

　得点差が負の数だったら、思ったよりよくないことが多かった日であり、得点差が正の数だったなら、思ったよりもよいことが多かったことを示します。この簡単な直観トレーニングが、あなたの直観を鍛えてくれるのです。

図39 直観トレーニング

日付　　　年　　月　　日
体調　　　　点　　　　精神面　　　　点　　　　睡眠　　　　点
　　　　　　　　　　　　　　　　　　起床後（予測）　　　就寝前（結果）

1. 今日はよい知らせが舞い込む　　　　　　　　　　点　　　　　　　　点
2. 今日はふだんよりも仕事がはかどる　　　　　　　点　　　　　　　　点
3. 予想もしなかったよい仕事が舞い込む　　　　　　点　　　　　　　　点
4. 今日はふだんよりもついている　　　　　　　　　点　　　　　　　　点
5. 仕事が終わってよい日だったと感じられる　　　　点　　　　　　　　点

※1〜10点を記入。　　　　　　　　総得点　　点　　総得点　　点
　　　　　　　　　　　　　　　　　　　　　　　　得点差　　点

今日1日の予測をする（起床後に記入）

今日1日の勘を振り返る（就寝前に記入）

朝、その日の調子がわかると同時に直観が冴えているかいないかもわかります!!

創造性を発揮する技術　第8章

8-5 好きなように「メモ」を取って思いがけない発想を手に入れる

　ダ・ヴィンチ、ダーウィン、ニュートン、エジソン、アインシュタイン、ピカソといった天才たちは、おびただしい量のメモを残しています。つまり、天才の共通点は「メモ魔」であったことです。この事実を自分に応用しない手はありません。

　いくら創造力があっても、メモする習慣がない人は、大きなハンディを背負います。ちょうど、ガラス瓶の中に閉じ込められた昆虫のように、ひらめきを脳内の「開かずの扉」の奥に封じ込めてしまうのです。

　ハーバード大学の調査では、メモを取る習慣のある人のほうが充実した人生を送れたことを示しています。このアンケートでは、「あなたの人生は幸せだったか？」と尋ね、「物心とも満足している」「まずまず満足している」「物心の少なくとも1つが不満」から、回答を選んでもらいました。その結果、「物心とも満足している」と答えた人は、たった3％にすぎなかったのですが、その共通点は「メモを取る習慣がある」ということだったのです。

　ちなみに、「まずまず満足している」と答えた人は約30％、「物心の少なくとも1つが不満」と答えた人は67％もおり、この2つのグループに「メモを取る人はほとんどいなかった」のです（図40）。

●どうやってメモを取ればいい？

　メモはノートに取ればかまいません。スマホのメモアプリでもいいでしょう。ノートは基本的に自分の好みに合った書き方で自由に書いていいのです。ただ、文字だけを書くようにつくられたライ

図40 あなたの人生は幸せでしたか?

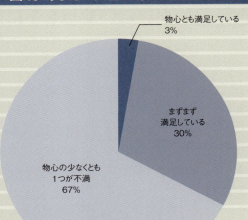

- 物心とも満足している 3%
- まずまず満足している 30%
- 物心の少なくとも1つが不満 67%

ン入りのノートは、「ひらめき」を得るのにはあまり向いていません。私たちは決まりきったノートの書き方に束縛されていて、脳がもっている自由奔放な能力にみずからふたをしているからです。

ノート術のエキスパート、トニー・ブザンは、中心から放射状に広がるノート術を提唱しています。確かにこのやり方は、脳の発想をうながしてくれます。ラインの入っていない無地のノートを使って、中心から外のほうに向け、思いつくままあらゆる束縛を解き放ち、浮かびあがってくる思考を7色のサインペンで書きなぐればいいのです。文字で表現するノートに別れを告げて、頭の中に浮かびあがってくる絵やイメージをそのまま形にしてみましょう。

これは「アイディアを生みだすトレーニング」ではなく、「**脳の束縛を解き放つためのエクササイズ**」です。

ほかの方法でもかまいません。たんなる「空想」では貴重なアイディアがなかなか思いつきませんから、1つのテーマを脳内で決めておき、ありのままの思考をノートに表現してみましょう。まったく関連のないアイディアが紛れ込んできても気にせず、手が動くままに、ノートに好きな色のペンを走らせればいいのです。

「思考」だけではなく、「感覚」も形にしてみます。「音」「感触」「体感温度」「味」「香り」といったイメージもどんどん絵にして表現します。脳は1つの情報が浮かんだら、「連想」の力で思考は放射状にどんどん広がり、おびただしい量の驚くべきアイディアを提供してくれるはずです。毎日かならず1人きりになってアイディアをだす時間を確保しましょう。

忘れないでほしいのは、書き留めたノートはファイルにしてまとめ、しばらくしてから読み返すこと。アイディアをだす作業と、**そのアイディアをビジネスに活かす作業は、少し間をおいてから**

やったほうがよいのです。

　なお、メモを取るときは、モーツァルトやシューベルトなどのクラシックや、お気に入りのイージーリスニングといった音楽を聴きながらアイディアをだすのも賢明な方法です。ただし、テレビを観ながらや騒音のうず巻く劣悪な環境でメモをとるのはお勧めできません。

気軽にどんどん書き足していけばいい

創造性を発揮する技術　第8章

8-6 発想は実際に絵に描いてアウトプットする

「ひらめき」は、ふつう文字ではなく絵（イメージ）で生まれます。ですから、日ごろから絵で表現する習慣をつけておくと、ひらめきを得られる確率が上がります。

人間の右脳は、小学校に入学する5〜6才のころが、人生のなかで、もっとも発達しているという説があります。幼稚園児は、ほとんどの時間を「お絵描き」ですごしますから、この時期に右脳の機能が徹底して鍛えられるのです。

ところが、小学校に入学した途端、突然「文字教育」に変わります。それ以降、多くの人は、大学を卒業するまでの16年間（もしくはそれ以上）にわたり、左脳を酷使する日々が延々と続くのです。この状況は社会人になってもまったく変わりません。これでは斬新なアイディアをだせということ自体が無理な注文です。

●いつでもどこでも絵を描けるようにする

私は、図41の「連想イメージ記入用紙」をつくって、多くの人に活用してもらっています。

図41 連想イメージ記入用紙

　　　　　　　　　　　　日付　　　年　　月　　日　天気 _____

テーマ _____

1	2	3
4	5	6
7	8	9
10	11	12

備考欄

なにかを思いついて絵を描いたら、下に簡単なメモも入れておく

やり方は簡単です。1つのテーマに関するアイディアをだすことが目的なので、まずいちばん上の「テーマ」欄に具体的なテーマを書き込みます。

　その後、テーマに関連して頭の中に浮かびあがってきたイメージを、どんどん絵にしていけばいいのです。

　このトレーニングでは、7色のサインペンを使用し、イメージした絵を自由に好きな色で描いていきます。

　連想イメージ記入用紙には、12個のイメージが描けます。連想を働かせながら、脳裏に浮かびあがってきた絵をどんどん描いていきます。

　目標は1日3枚。全部で36個のイメージを描くことです。

　私は30秒に1つの割合で絵を描くペースが大好きです。実際にペンを動かしている時間はせいぜい20秒間、そして10秒かけて補助的に文字で説明を加えます。

　たとえば、来週の営業会議でプレゼンしなければならない場合、「営業成績を30％向上させる具体策」とテーマ欄に記入します。そして思索にふけります。長い間訪問していない得意先の担当者の顔が浮かんでくるかもしれません。

　キャンペーン商品のアイディアが浮かんでくることもあるでしょう。スマホのケースデザインを思いつくかもしれません。こんなぐあいに、用紙が全部、絵と文字で埋まるまでアイディアを考えてみましょう。

　この連想イメージ記入用紙を手帳のポケットに何枚か忍ばせておき、すきま時間をねらって、どんどん絵と文字でアイディアを書き込んでいきましょう。

　こうすることによりあなたの右脳は鍛えられ、次々に斬新な発想を生みだせる人になれるはずです。

アイディアは絵で思い浮かぶことが多い。忘れないうちに記録しておこう

cre造性を発揮する技術 第8章

8-7 「制約」こそ斬新なひらめきを生みだす「母」と心得る

　実は「ひらめき」は、「不満」や「束縛」から生まれていることをご存じですか？　もし、お金がありあまるほどあれば、倹約する知恵が生まれることはないでしょう。人間は、生活に困って初めて、出費を減らすための知恵がでてくるのです。

　アイディアもまったく同じです。過去に生まれた多くの偉大なアイディアは、不満や束縛から誕生しています。

　たとえば、インスタントカメラは、ポラロイドを創設したエドウィン・ランド博士の、日常生活のあるささいな出来事によって生まれました。あるとき、ランド博士はあどけない娘の撮影に夢中になっていました。娘の撮影を終えた途端、彼女が博士に向かってこう叫んだのです。

「パパ、早く写真を見せて！」

　このひと言が、ランド博士にポラロイドカメラの発明をさせたのです。

　あるいは、初めて超高層ビルをデザインした人は、地価が高く狭い土地に、いかに多くのオフィス空間を生みだせるかをいつも考えていたはずです。ありあまる土地しか頭の中にない建築家だったら、超高層ビルの発想はまったく浮かばないはず。

「できそうにない」と考えていることは、たいていできることなのです。常識で「変えられそうもない」と考えていることを「変える」ことで、多くの革命的なアイディアが生まれています。

「縛り」があるからこそ、画期的なアイディアが生まれる

創造性を発揮する技術 第8章

「革新的な新製品を開発するには予算が足りない」「レストランとして黒字化するにはスペースが狭すぎる」「店舗にするにはあまりにも立地条件が悪い」といった不満に悩む人は多いかもしれませんが、逆にいえば、この制約が斬新なアイディアを生みだす「母」になるのです。

　制約を意識的に自分に課すことで、ひらめきのエネルギーにしている芸術家もたくさんいます。たとえば世界的な作曲家、スティーブン・ソンドハイムはこう語っています。

「海をテーマに作曲してほしいと頼まれたら、私は考え込んでしまうだろうね。でも、明け方の3時にバーの腰掛けから転げ落ちる、赤いドレスの女をテーマにバラードをつくってくれといわれたら、インスピレーションがわくってもんだよ」

　また、詩人のロバート・フロストは、こういいました。

「自由詩を書くというのは、ネットのないコートでテニスをするようなものだ」

　もし、あなたが直木賞にノミネートされるような小説を書きたかったら、そのテーマを徹底的に絞り込んでからペンを走らせましょう。テーマに制約を与えれば与えるほど、オリジナリティが強調され、どんどん斬新なひらめきが生まれて上質の作品に仕上がるのです。
　意識的に条件を狭めて考えてみる——そこに貴重なブレークスルーのヒントが転がっているのです。

テーマは絞り込んだほうが、むしろ書きやすい

120ページの迷路の解答

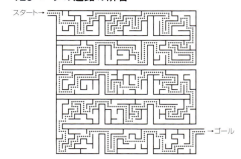

《 主 要 参 考 文 献 》

R. N. シンガー/著『スポーツトレーニングの心理学』(大修館書店、1986年)

スポーツインキュベーションシステム/著『図解雑学 スポーツの科学』(ナツメ社、2002年)

大森荘蔵、松原 仁、大築孟司、養老孟司、酒田英夫、たばこ総合研究センター『談』編集部/著『複雑性としての身体—脳・快楽・五感』(河出書房新社、1997年)

早稲田大学スポーツ科学部/編『教養としてのスポーツ科学』(大修館書店、2003年)

米山公啓/著『勝つためのスポーツ脳』(日刊スポーツ出版社、2010年)

高島明彦/監修『面白いほどよくわかる脳のしくみ』(日本文芸社、2006年)

宮下充正/著『勝利する条件—スポーツ科学入門』(岩波書店、1995年)

德永幹雄、山本勝昭、田口正公/著『Q&A実力発揮のスポーツ科学』(大修館書店、2002年)

杉原 隆、工藤孝幾、船越正康、中込四郎/著『スポーツ心理学の世界』(福村出版、2000年)

日本スポーツ心理学会/編『スポーツ心理学事典』(大修館書店、2008年)

チャールズ・A. ガーフィールド、ハル・ジーナ・ベネット/著、荒井貞光、松田泰定、東川安雄、柳原英児/訳『ピークパフォーマンス』(ベースボール・マガジン社、1988年)

佐々木正人/著『アフォーダンス—新しい認知の理論』(岩波書店、1994年)

大木幸介/著『やる気を生む脳科学』(講談社、1993年)

桜井章一/著『負けない技術』(講談社、2009年)

金井壽宏/著『働くみんなのモティベーション論』(NTT出版、2006年)

ジム・レーヤー/著、青島淑子/訳『メンタル・タフネス』(阪急コミュニケーションズ、1998年)

ジム・レーヤー/著、スキャンコミュニケーションズ/訳『スポーツマンのためのメンタル・タフネス』(阪急コミュニケーションズ、1997年)

児玉光雄/著『この一言が人生を変えるイチロー思考』(三笠書房、2009年)

児玉光雄/著『わかりやすい記憶力の鍛え方』(SBクリエイティブ、2018年)

サイエンス・アイ新書
SIS-436

https://sciencei.sbcr.jp/

上達の技術
改訂版

無駄なく最短ルートで成長する極意

2011年4月25日	初版第1刷発行
2014年6月16日	初版第5刷発行
2019年8月25日	改訂版第1刷発行

著　者	児玉光雄
発行者	小川　淳
発行所	SBクリエイティブ株式会社 〒106-0032　東京都港区六本木2-4-5 電話：03-5549-1201（営業部）
装　丁	渡辺　縁
組　版	株式会社ビーワークス、クニメディア株式会社
印刷・製本	株式会社シナノ パブリッシング プレス

乱丁・落丁本が万が一ございましたら、小社営業部まで着払いにてご送付ください。送料小社負担にてお取り替えいたします。本書の内容の一部あるいは全部を無断で複写（コピー）することは、かたくお断りいたします。本書の内容に関するご質問等は、小社科学書籍編集部まで必ず書面にてご連絡いただきますようお願いいたします。

©児玉光雄　2019 Printed in Japan　ISBN 978-4-7973-9747-5

SB Creative